Die Vermessung des Datenuniversums

Reinhold Stahl
Patricia Staab

Die Vermessung des Datenuniversums

Datenintegration mithilfe des
Statistikstandards SDMX

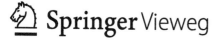

Reinhold Stahl
Dornburg
Deutschland

Patricia Staab
Frankfurt
Deutschland

ISBN 978-3-662-54737-3   ISBN 978-3-662-54738-0   (eBook)
DOI 10.1007/978-3-662-54738-0

Die Deutsche Nationalbibliothek verzeichnet diese Publikation in der Deutschen Nationalbibliografie; detaillierte bibliografische Daten sind im Internet über http://dnb.d-nb.de abrufbar.

Springer Vieweg
© Springer-Verlag GmbH Deutschland 2017
Das Werk einschließlich aller seiner Teile ist urheberrechtlich geschützt. Jede Verwertung, die nicht ausdrücklich vom Urheberrechtsgesetz zugelassen ist, bedarf der vorherigen Zustimmung des Verlags. Das gilt insbesondere für Vervielfältigungen, Bearbeitungen, Übersetzungen, Mikroverfilmungen und die Einspeicherung und Verarbeitung in elektronischen Systemen.
Die Wiedergabe von Gebrauchsnamen, Handelsnamen, Warenbezeichnungen usw. in diesem Werk berechtigt auch ohne besondere Kennzeichnung nicht zu der Annahme, dass solche Namen im Sinne der Warenzeichen- und Markenschutz-Gesetzgebung als frei zu betrachten wären und daher von jedermann benutzt werden dürften.
Der Verlag, die Autoren und die Herausgeber gehen davon aus, dass die Angaben und Informationen in diesem Werk zum Zeitpunkt der Veröffentlichung vollständig und korrekt sind. Weder der Verlag, noch die Autoren oder die Herausgeber übernehmen, ausdrücklich oder implizit, Gewähr für den Inhalt des Werkes, etwaige Fehler oder Äußerungen. Der Verlag bleibt im Hinblick auf geografische Zuordnungen und Gebietsbezeichnungen in veröffentlichten Karten und Institutionsadressen neutral.

Planung: Dr. Annika Denkert

Gedruckt auf säurefreiem und chlorfrei gebleichtem Papier

Springer Vieweg ist Teil von Springer Nature
Die eingetragene Gesellschaft ist Springer-Verlag GmbH Deutschland
Die Anschrift der Gesellschaft ist: Heidelberger Platz 3, 14197 Berlin, Germany

Über dieses Buch

Dieses Buch richtet sich an alle, die mit Daten arbeiten – sie sammeln, integrieren und auswerten müssen oder sie analysieren möchten – und dazu die Hilfsmittel der Informationstechnologie einsetzen. Es ist von Insidern geschrieben, gewissermaßen von Datenexperten für Datenexperten. Denn unser Geschäft ist die industrielle Erhebung und Verarbeitung großer Datenmengen zur Informationsgewinnung und die Bereitstellung der Ergebnisse als Basis für wichtige Entscheidungen.

Den überwiegenden Teil unserer beruflichen Erfahrungen haben wir im Bereich der statistischen Informationssysteme der Deutschen Bundesbank gesammelt. Das in diesem Buch präsentierte Gedankengut bezieht sich jedoch auf die globale Rolle der Statistik beim Aufbau umfassender Datenwelten und bei der Bereitstellung von Information als öffentliches Gut, nicht auf die speziellen Merkmale der Notenbankstatistiken. Deshalb stammen die im Folgenden aufgeführten Beispiele mehrheitlich auch bewusst nicht aus der Welt der Finanzwirtschaft oder einer anderen wissenschaftlichen Spezialdisziplin. Wir wollen anhand von Beispielen mit Alltagsrelevanz zeigen, wie die Konzepte der Statistik die Basis für eine universelle und standardisierte Bereitstellung von beliebigen Informationen bieten und sozusagen einen *barcode of information* liefern können, wie er zum Beispiel aus der Warenwirtschaft bekannt ist. Wir möchten also zeigen, dass für beliebige Informations- und Datenpunkte, nehmen wir als Beispiel die „durchschnittliche Schneehöhe in Garmisch-Partenkirchen im Januar 2016", genauso eine Identifikation gebildet werden kann wie für „einen Liter Fair-Trade-H-Milch, Fettanteil 1,8 %".

Für alle Informationsdienstleister stellt sich seit Jahren immer wieder die Herausforderung, explosionsartig wachsende Datenwelten erforschbar und nutzbar zu machen. Dies ist aber nicht nur ein Problem großer Datenmengen und zahlreicher Quellen. Tatsächlich liegt in der korrekten Verknüpfung von Daten unterschiedlicher Quellen und Themengebiete sowohl die größte Herausforderung als auch das größte Potenzial zum Aufbau von Wissen. Dieses Vorgehen wurde schon früh in der Kriminalistik eingesetzt und mit dem negativ belegten Begriff der „Rasterfahndung" assoziiert. Inzwischen wird in nahezu allen Unternehmen und Institutionen versucht, unter dem – inzwischen positiv belegten – Begriff der „Datenintegration" den Wissensaufbau durch Zusammenführung von Informationen aus unterschiedlichen Geschäftsbereichen oder Wissenschaftsdisziplinen voranzutreiben.

Die Vision, die wir in diesem Buch beschreiben, besteht in einer standardisierten Datenwelt, vergleichbar mit einem Baukastensystem, also einem „Lego für Daten". Darin liegen Daten zu unterschiedlichsten Themengebieten in einer leicht zugänglichen und zueinander passenden Form vor. Diese Datenwelt kann kontinuierlich durch Einfügung neuer Inhalte erweitert werden. Je nach Erfordernis kann sie zur Problemerkennung und -lösung sowie zum Wissensaufbau verwendet werden, indem die Inhalte (Bausteine) flexibel miteinander verknüpft und inhaltlich und technisch zu neuen „Informationsgebilden" geformt werden.

Es geht also um eine geordnete Sammlung relevanten Wissens, ein Datenkompendium, das gewissermaßen als „öffentliches Gut" genutzt werden kann. Dabei mag sich der Begriff „öffentlich" auf ein spezifisches Unternehmen, eine Branche, eine Wissenschaftsdisziplin oder – noch globaler gedacht – auf eine buchstäblich öffentliche Kollektion aus geografischen, meteorologischen, medizinischen, finanziellen, verkehrstechnischen, landwirtschaftlichen, versorgungstechnischen, pädagogischen und psychologischen Datenbeständen beziehen, möglicherweise ergänzt um Registerdaten wie Kataster- oder Unternehmensverzeichnisse (sofern zugänglich).

Wir glauben, dass sich diese Vision nur mit der disziplinierten Einhaltung bewährter Prinzipien und unter Nutzung neuester Methoden und Technologien verwirklichen lässt. Die von uns präferierten Ansätze stellen wir in unserem Buch vor. Dabei gehen wir besonders auf die beiden für die Datenarbeit relevanten Erfolgsfaktoren ein: die Einführung eines universell nutzbaren Ordnungssystems verbunden mit dem gemeinsamen Willen zur Standardisierung. Wir stellen den in der internationalen öffentlichen Statistik genutzten Standard *SDMX (Statistical Data and Metadata Exchange)* vor und zeigen auf, welche tiefgreifenden Veränderungen durch die Einführung dieses Standards und des damit verbundenen Ordnungssystems für die Arbeit der internationalen Statistikcommunity möglich waren. Wir glauben, dass der Schritt zur Standardisierung der Durchbruch zur gewinnbringenden Nutzung großer Datenmengen für vielfältige Themen ist. Und dass daher die Nutzung eines weltweit etablierten ISO-Standards wie *SDMX* auch für andere Themenbereiche der entscheidende Erfolgsfaktor sein kann. Dabei sind stets die ersten Schritte eines Standards von der Idee einiger weniger bis zum marktbeherrschenden Selbstläufer die schwersten. Auch diese beschreiben wir in den folgenden Kapiteln.

Die Motivation zum Schreiben dieses Buches besteht in diesem Werben für Standardisierung, für ein universelles Ordnungssystem für Daten und für die Verwendung der Konzepte und Standards der Statistik zum Aufbau dieser Datenwelt. Wir möchten damit alle die erreichen, die zum Ziel der Information als öffentliches Gut beitragen können, von der Wissenschaft über die Softwareindustrie bis hin zu intensiv datennutzenden Unternehmen und Institutionen, von der Leitungsebene bis hin zur Arbeitsebene. Wir richten uns daher sowohl an den Professor als auch an den wissenschaftlichen Mitarbeiter, sowohl an den Softwarearchitekten als auch an den Programmierer, sowohl an den *CIO (Chief Information Officer)* als auch an den *Data Analyst*. Dies soll aber nicht bedeuten, dass wir unseren Leserkreis auf die genannten Rollen beschränkt sehen möchten. Vielmehr schließen wir alle diejenigen mit ein, die sich für unser Thema interessieren.

Dieses Buch ist bewusst kein Fachbuch, kein „*SDMX* für Einsteiger oder Experten" geworden, es soll vielmehr eine Hinführung zum Aufbau eines Ordnungssystems für die Datenwelten leisten. Andererseits dürfte es ohne eine konkrete Vorstellung davon, wie SDMX aufgebaut ist, schwer zu vermitteln sein, warum ausgerechnet dieser Standard das Potenzial für die Umsetzung unserer oben genannten Vision hat. Deshalb wird in diesem Buch nach den grundsätzlichen Ausführungen von Teil 1 auch eine gut verständliche, aber dennoch mit der erforderlichen Detailtiefe ausgestattete Beschreibung des Standards *SDMX* in Teil 2 erfolgen.

Wir hoffen, dass unsere Gedanken inspirierend und hilfreich sind, nicht zuletzt, weil ein Leser sich darin vielleicht wiedererkennen kann. Und wir möchten mit unseren Überlegungen dazu einladen, in der aktuellen *Big-Data-Bewegung* eine andere Perspektive einzunehmen, statt immer weniger über Daten nachzudenken und immer mehr auf die Schlagkraft der IT-Systeme zu bauen. Bei allem technischen Fortschritt stehen nach unserer Ansicht immer noch die Intelligenz, der Ideenreichtum und die Erfahrung des Menschen, der die Technik nutzt, im Vordergrund. Denn auch in „*Think Big*" steht immer noch das „*Think*" an erster Stelle.

In diesem Buch vertreten wir unsere persönlichen, aus unserer langjährigen Praxis und aus dem intensiven Gedankenaustausch mit Kollegen von anderen Organisationen, Herstellern, Software- und Beratungshäusern gewonnenen Ansichten. Diese spiegeln selbstverständlich nicht zwangsläufig die Ansicht der Deutschen Bundesbank oder ihrer Mitarbeiterinnen und Mitarbeiter wider.

Frankfurt am Main, Februar 2017   Reinhold Stahl, Dr. Patricia Staab

Über die Autoren

Die Autoren des Buches verfügen über langjährige praktische Erfahrung in der IT-technischen Realisierung statistischer und datenanalytischer Anforderungen. Sie verfügen daher über das für diese Schnittstellenarbeit typische Kompetenzprofil, nämlich die Kombination aus fachspezifischem Wissen über die verwendeten Daten, solider Grundlage an mathematisch-statistischer Methodik und angewandter Expertise in Softwareengineering

Reinhold Stahl Diplom-Mathematiker, ist seit 1985 im Statistikbereich der Deutschen Bundesbank beschäftigt. Dort baute er zunächst das statistische Informationsmanagement in der heutigen Form auf, bevor er 2014 die Stelle als Leiter der Statistik antrat. Die Erfolgsgeschichte des in diesem Buch vorgestellten SDMX-Standards begleitete er seit den Anfängen aktiv mit und führte diesen Standard für die Bundesbank-Statistik ein. Die Möglichkeiten, die sich durch die Standardisierung eröffneten, machten ihn zu einem überzeugten Befürworter dieser Vorgehensweise.

Dr. Patricia Staab promovierte Mathematikerin, begann im Jahr 2000 in der Bundesbank-Statistik ihre Arbeit – am Aufbau eines hausinternen statistischen Informationssystems, das auf dem SDMX-Standard basierte. Seit dieser Zeit haben sich sowohl der Standard als auch die statistischen Informationssysteme der Bundesbank, die sie zurzeit verantwortet, stark weiterentwickelt – der prägende Eindruck von der Schlagkraft des Standards ist jedoch geblieben.

Inhaltsverzeichnis

Teil I Mit Standardisierung zur umfassenden Datenwelt

1 Ausgangslage, Vision und Wegbeschreibung 3
   1.1 Explodierende Datenwelten 3
   1.2 Unzugängliche Datensilos 4
   1.3 Der Kick liegt in der Verknüpfung 5
   1.4 Die Verknüpfung gelingt mit einem Ordnungssystem 6
   1.5 Das Ordnungssystem SDMX 7

2 Wie sieht die Realität aus? 11
   2.1 Lücken trotz Sammelwut 11
   2.2 Fehlende Ordnung im Datenuniversum 12
   2.3 Nutzung der IT-Technologie nicht ohne fachliche Expertise möglich 12
   Literatur 13

3 Was können wir von Big Data erwarten? 15
   3.1 Der Big-Data-Hype 15
   3.2 Was ist Big Data? Eine technische Betrachtung 16
   3.3 Was leistet Big Data nicht? 17
   3.4 Ethische Bedenken 19
   3.5 SDMX und Big Data: Ergänzung statt Widerspruch 20
   Literatur 22

4 Warum ist Datenintegration so schwierig? 23
   4.1 Was ist Datenintegration? 23
   4.2 Schnelligkeit der Entwicklung in der Informationstechnologie 26
   4.3 Konkurrenzsituation von IT-Anbietern und Produkten 27
   4.4 IT-Projekte statt Fachprojekte 27
   4.5 Mentalität des Individualismus 28
   4.6 Silodenken vor fachübergreifendem Denken 29
   4.7 Datenschutz 30
   4.8 Fehlende unmittelbare Anreize für Datenanbieter 31

4.9	Ungenügende informationstechnische Standards für Daten	32
Literatur.		33

5 Grundsätzliche Einschätzung der Standardisierung 35
    5.1 Standards fallen nicht vom Himmel 35
    5.2 Standards sind nirgends optimal, wohl aber das Optimum 36
    5.3 Standards setzen sich dann durch, wenn sie nutzbar sind 36
    5.4 Standards fördern dezentrales Arbeiten 37
    5.5 Standards zur Verwirklichung völlig neuer Ansätze – aktuelles
        Beispiel: Blockchain 37

6 Forschung und Standardisierung 41
    6.1 Begrenztes Interesse an Standardisierung 41
    6.2 Einfluss des Datenmaterials auf die Forschung 41
    6.3 Rolle der Forschungsdatenzentren (FDZ) 42
    Literatur. 44

7 Standards erfolgreich einführen 45
    7.1 Die richtige Reihenfolge – der inhaltliche Einstieg 45
    7.2 Struktur und Ordnung schaffen 46
    7.3 Klassifizierungssysteme und Schlüssel nutzen 47
    7.4 Technik richtig einsetzen 47
    7.5 Die richtige Schrittlänge wählen 48
    7.6 Stakeholder richtig behandeln 49

8 Statistik als Treiber erfolgreicher Datenintegration 51
    8.1 Statistik als fachübergreifend generische Diszipin 51
    8.2 Konzepte der Statistik zum Aufbau einer Datenwelt 52
    8.3 Datenaustausch und Data Sharing in der Statistik 53
    Literatur. 54

9 Beitrag des Statistikstandards SDMX 55
    9.1 Was ist SDMX? 55
    9.2 Einstieg in SDMX 56
    9.3 SDMX an einem vereinfachten Beispiel 57
    9.4 Data Driven Systems im Statistikdatenaustausch dank SDMX..... 59
    9.5 Ausgereiftes Beispiel aus der Praxis 60
    Literatur. 62

10 Fazit und Ausblick. 65
    Literatur. 66

Teil II Der Statistikstandard SDMX

11 Entstehung und Entwicklung von SDMX. 69
    11.1 Die Idee, ihre Entstehung und Ausbreitung...................... 69
    11.2 Der Weg zum weltweiten Standard: Die SDMX-Initiative 71

11.3 Die Weiterentwicklung durch die Gremien der SDMX-Initiative 73
11.4 Das Potenzial: Nutzung als Information Model 76
11.5 Die Zukunft: Weitere Nutzungsmöglichkeiten, stärkere
Industrialisierung 77
Literatur. 78

12 Die wesentlichen Elemente von SDMX 79
12.1 Grundbausteine 79
12.2 Eine Datenstruktur wird definiert 80
12.3 Die Struktur wird mit Daten gefüllt, es entsteht ein Datensatz 83
12.4 Datensätze werden versandt und ausgetauscht 84
12.5 Die größere Perspektive – Verwaltung von Informationen,
Themenbereichen, Akteuren, Prozessen 88
12.6 Das SDMX-basierte Data Warehouse 90
12.7 Anwendbarkeit von SDMX für Mikrodaten 91
12.8 SDMX und benachbarte Standards 92
Literatur. 94

13 Arbeiten mit SDMX 95
Literatur. 97

14 SDMX als Erfolgsfaktor für eine gelungene Datenintegration 99
Literatur. 100

Glossar 101

Weiterführende Literatur 103

Stichwortverzeichnis 105

Teil I

Mit Standardisierung zur umfassenden Datenwelt

Ausgangslage, Vision und Wegbeschreibung

1.1 Explodierende Datenwelten

Das uns weltweit zur Verfügung stehende Datenmaterial vervielfacht sich beständig und rasant. Da die technischen Möglichkeiten dafür vorhanden sind, werden allerorts auch immer feiner gegliederte Informationen – wir sprechen von Mikrodaten, teilweise schon Nanodaten – automatisiert (zum Beispiel per Sensor) festgehalten. Als große prominente Datensammler solcher Mikrodaten agieren die sozialen Netzwerke oder Suchmaschinen und treiben parallel auch die technischen Entwicklungen, aktuell zum Beispiel *Big Data*, voran, um mit den erzeugten Datenmengen umzugehen. Parallel dazu verfügen aktuell ca. 70 % der Weltbevölkerung über ein Mobiltelefon und tragen täglich zum Datenwachstum bei.

Mit der Verfügbarkeit der Daten steigt gleichzeitig unsere Fixierung auf sie: Die Analyse von Fußballspielen wird beispielsweise immer häufiger zur Datenschlacht um gelaufene Meter, gewonnene Zweikämpfe oder um die prozentuale Verteilung des Ballbesitzes. Dabei steigt unser Anspruch an die *Granularität*, die Feinkörnigkeit des Datenmaterials, als ob uns größere Feinheit auch größere Gewissheit verschaffen könnte. So etwa genügten uns früher regionale Tagesdurchschnittstemperaturen, um das Wetter zu verfolgen; inzwischen werden für einzelne Städte oder gar Stadtteile stündliche Werte festgehalten.

Zahlen versprechen Objektivität und geben Sicherheit, und das ist auch gut so. Oder würden wir einem Piloten vertrauen, der auf die Frage, mit welcher Geschwindigkeit das Flugzeug gerade fliegt, die Antwort gibt: „Keine Ahnung, aber ganz schön schnell." Wir fürchten die Schwammigkeit und suchen Gewissheit, je mehr davon, desto besser. Darum vermessen wir alles, überall, jederzeit, und pressen die von Natur aus analoge Welt um uns herum mit ihren kontinuierlichen Spektren und nuancenreichen Spielvarianten immer mehr in digitale Raster. Und auch vor uns selbst machen wir bei unserer „Quantitativitis" nicht halt: Wir vermessen die Anzahl unserer verbrauchten versus zu uns genommenen Kalorien, unsere Schlafdauer, unsere Pulsfrequenz. Dabei geht es uns doch letztendlich nur um eine Ergebnisgröße – in diesem Falle die Gewichtsveränderung. Auch die Geschäftswelt ist von diesem Trend nicht verschont: Große Unternehmen begreifen sich immer mehr als *data-driven companies*, das Bewusstsein darüber wächst, dass man auf einem Datenschatz sitzt, der bisher zu großen Teilen noch ungenutzt geblieben ist.

1.2 Unzugängliche Datensilos

Diese explosionsartig gewachsenen Datenbestände und Datenschätze liegen in den Unternehmen und Institutionen meist in sogenannten *Datensilos*. Darunter versteht man die zu einem Fachgebiet gehörende Anwendungslandschaft aus Daten, Programmen, Prozessen sowie IT- und fachlichen Experten (vgl. Abb. 1.1).

Wie bei Getreidesilos in der Landwirtschaft ist auch bei Datensilos von außen nicht gut zu erkennen, was alles darin steckt. Das wird oft unterschätzt, gerade wenn die Silos von Außenstehenden nur aus der Vogelperspektive betrachtet werden. Kein Wunder, dann sieht man nur die Grundfläche, um beim Bild des Getreidesilos zu bleiben. Steht der Betrachter jedoch mit beiden Beinen auf der Erde, sieht er die Höhe und das damit verbundene beachtliche Volumen des Silos: Solche Datensilos sind meist Gebilde, die orientiert am tatsächlichen Bedarf eines Fachbereichs entwickelt und im jahrelangen Einsatz erprobt und stabilisiert wurden, die gut beherrscht werden von Entwicklern und Benutzern und damit eine sehr hohe Alltagstauglichkeit aufweisen. Diese eingeschliffenen Produkte können auch nach System- oder Stromausfällen – auf der Basis eigener Datensicherungen – wieder mit einem konsistenten Datenstand aufgesetzt werden, sie sind funktionsstark und robust. Datensilos besitzen damit einen enormen Wert für ein Unternehmen, und deshalb ist deren Wachstum rasant.

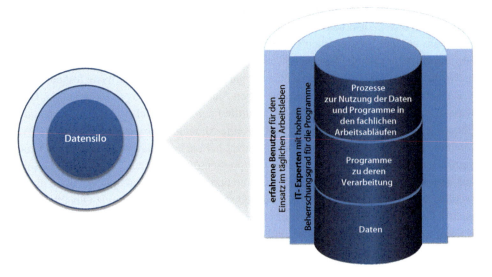

Abb. 1.1 Datensilo aus verschiedenen Perspektiven

Allerdings funktionieren die Silos nur intern so perfekt, nach außen sind die enthaltenen Informationen kaum nutzbar. Es werden interne Nummern oder Codes verwendet für Produkte, Artikel, Konten, Kunden, Lieferanten, Prozessschritte, es werden eigene Formate für Zeit, Datum, Orte benutzt, es werden proprietäre Gruppierungen für Waren, Kunden, Gebiete gebildet, die wiederum mit den Codes anderer Silos nicht übereinstimmen. Deshalb leisten viele Firmen und Organisationen große Anstrengungen zur „Datenintegration". Darunter wird der Versuch der Zusammenführung der in den Silos liegenden Datenschätze zu einer einheitlichen, vernetzten hochwertigen Datenwelt verstanden. Diese Integration verspricht einen hohen Mehrwert.

1.3 Der Kick liegt in der Verknüpfung

Der Eifer, immer mehr und immer granularere Daten in den Silos zu sammeln, bringt einige Herausforderungen mit sich. Denn je feinkörniger das gesammelte Material ist, desto wertloser ist das einzelne Sandkorn, ein Mikrodatum, an sich. Es ist eine für die Gesamtbetrachtung verwertbare und daher kurzfristig benötigte Information, aber letztendlich nur ein Wert unter vielen. Die „nutzbringende Informationsmenge" ist also nicht annähernd so rasant gewachsen wie das „nutzbare Datenvolumen", das in diesen Datensammlungen liegt und durchforstet werden muss.

Die Bewertung eines Mikrodatums erfolgt zunächst durch geeignete Aggregation, Vergleiche mit Durchschnitts- oder Spitzenwerten, Betrachtungen des Zeitverlaufs usw. innerhalb des Mikrodatensatzes. Jedoch der Quantensprung in der Wertschöpfung, der Kick im Wissensgewinn, erfolgt dann, wenn Mikrodatensätze bzw. Datensilos zusammengebracht werden: Durch die Verknüpfung mit anderen Datenquellen wird gewissermaßen aus den Einzelkönnern ein noch viel schlagkräftigeres Ensemble gebildet.

Einige Beispiele:

Scannerkassen in Lebensmittelmärkten sammeln eine immense Menge an Information: Zum gesamten Einkauf des Kunden gehörende Produkte und deren Mengen, Zeitpunkt und Ort des Verkaufs, Einzel- und Gesamtpreis und vieles mehr. Daraus lassen sich schon eine Menge Schlüsse ziehen. Aber viel größer wäre natürlich der Informationswert, wenn man die verknüpften Daten des Käufers noch dazu nehmen würde: Name, Adresse, E-Mail-Adresse, Handynummer, Kontonummer der Bezahlung, Alter, Geschlecht, Beruf, Einkommen, Aufenthaltsort usw.

Noch größer, ja gigantisch wäre der Informationswert, könnte man die Daten des Kunden aus dem Lebensmittelmarkt mit Daten von unterschiedlichen Verkaufsstellen wie Apotheken, Drogerien, Tankstellen, Autowerkstätten zusammenführen. Sehr viele Personen gehören inzwischen zu den eifrigen Punktesammlern bei Bonuspunktprogrammen, mit denen genau dies gelingt, nämlich unsere persönliche Daten und unsere Ausgaben für Lebensmittel, Drogerieartikel, rezeptfreie Arzneimittel, Benzin sowie Autoreparaturen zusammenzuführen. Dies alles natürlich mit dem Ziel, die Angebote auf unsere vorausberechneten Bedürfnisse abzustimmen, uns auf Wunsch anzuzeigen und (Werbe-)Empfehlungen für uns zu geben.

Aber nicht nur im Bereich des Konsums stellt die Zusammenführung von Daten den Kick zur Informationsgewinnung und zum Wissensaufbau dar. Auch im Bereich der Wissenschaften beinhaltet die Verknüpfung von Daten unterschiedlicher Disziplinen ein gewaltiges Potenzial zum Wissensaufbau und zur Problemerkennung.

Nehmen wir das Phänomen des zunehmenden Aufkommens resistenter Keime, die auf Antibiotika nicht mehr reagieren und damit äußerst gefährlich sind. Ist die Zunahme eventuell bedingt durch …

- mangelnde Hygiene in medizinischen Einrichtungen oder Massenbegegnungsstätten (betrifft diese Einrichtungen)?
- ausufernde oder leichtfertige Verabreichung von Antibiotika bei Alltagserkrankungen (betrifft die Humanmedizin)?
- ausufernde oder leichtfertige Verabreichung von Antibiotika in der Tierhaltung, sozusagen als Futterergänzung (betrifft die Veterinärmedizin und die Landwirtschaft)?
- die weitere Verwendung verschlissener Produkte, bedingt durch einen international kaum kontrollierbaren, evtl. auch illegalen Handel (betrifft die Kontrollsysteme)?
- ganz andere Gründe?

Es wird ersichtlich, dass für die Erkennung und evtl. Lösung von Problemstellungen die Zusammenführung von Daten zu unterschiedlichen Phänomenen äußerst hilfreich sein kann.

Genau diese Beispiele verdeutlichen natürlich auch die Schattenseiten einer solchen Datenzusammenführung. Denn in einer Welt, in der für jeden von uns, am Ende ohne eine von uns bewusst wahrgenommene aktive Zustimmung, solche Datensammlungen angelegt werden können, ist der Einzelne den Datenauswertungen und vor allem den daraus abgeleiteten Handlungen hilflos ausgeliefert. Allerdings ist ein Ignorieren oder pauschales Verbieten eines potenziell gefährlichen technischen Fortschritts, wie die Geschichte zeigt, keine zielführende Reaktion. Damit aus den theoretischen Möglichkeiten der Datenverknüpfung kein Bedrohungsszenario a la „Big Brother" erwächst, müssen jedoch die rechtlichen und gesellschaftlichen Schutzmechanismen im gleichen Maße fortentwickelt werden wie die Technologien.

1.4 Die Verknüpfung gelingt mit einem Ordnungssystem

Damit diese Vision der Problemerkennung bzw. des Wissensgewinns mithilfe der Datenintegration Realität werden kann, lautet die universelle Anforderung an jegliches Daten-„Rohmaterial": gute Beschreibung der Daten, eindeutige Zuordnungen für Merkmalsträger (Orte, Produkte, Unternehmen) und einheitliche Verwendung von Merkmalsausprägungen oder Attributen (vgl. Abb. 1.2).

Kurz gesagt: Zur Zusammenführung der verschiedenartigen Datensammlungen wird ein Ordnungssystem, ein Kompass, ein Betriebssystem, ein Klassifikationsstandard für

1.5 Das Ordnungssystem SDMX 7

Abb. 1.2 Anforderungen an auswertbares Datenmaterial

Daten benötigt, damit die Dinge zueinander passen. Und hier zeigt sich, dass die Informationsindustrie trotz ihres rasanten Innovationstempos in einem Punkt gegenüber anderen Industriezweigen zurückliegt: Es fehlen Datenstandards, es fehlt sozusagen ein *barcode of information* für die Identifikation einer Information, und deshalb gelingt die Verknüpfung von Daten aus unterschiedlichen Wissensdisziplinen und Quellen nur mit sehr hohem Aufwand.

Daten müssen also „in Ordnung gebracht werden": Idealerweise erfolgt dieses „in Ordnung bringen" nach vorheriger Abstimmung durch die Datenanbieter, ansonsten durch die datensammelnde Stelle, die sich dann allerdings mit jeder einzelnen Datenquelle vertraut machen muss. Die damit verbundene Standardisierung erfordert einen gemeinsamen Willen aller Beteiligten und ein gehöriges Stück Arbeit, bringt aber ein lohnendes Ergebnis: Liegen die Daten erst in einem solchen Schema vor, ist die Erstellung einer benutzerfreundlichen und leistungsstarken Anwendung, einer „Datenanalyse *on demand*", ein Kinderspiel. So lassen sich nicht nur simple Filter- und Sortierfunktionen für quantitative Angaben wie Preise anbieten, sondern über die Verknüpfung mit weiteren Datensätzen gelingt es, eine 360-Grad-Betrachtung für einen Sachverhalt aufzubauen, indem verschiedenste Verteilungen (geografische Aspekte, Alter/Geschlecht/Berufsgruppe/Branche, Finanzindikatoren wie Einkommen, Vermögen) berücksichtigt werden.

1.5 Das Ordnungssystem SDMX

In ihrer beruflichen Praxis haben die Autoren sich sehr intensiv mit dem Datenstandard *SDMX (Statistical Data and Metadata Exchange)* beschäftigt. Dieser weltweite ISO-Standard wird in der Statistikgemeinde intensiv genutzt, um für beliebige Phänomena des Wirtschaftslebens, also der Finanz- und Realwirtschaft, Datenstrukturen zu definieren und darauf aufbauend Datenaustauschprozesse und Datensammlungen sowie dazu passende Datenanalyseprodukte zu entwickeln. Aus unserer Erfahrung im Einsatz des SMDX-Standards haben wir die Überzeugung gewonnen, dass dieser Standard das Potenzial besitzt, die Basis für unsere Vision der umfassenden, geordneten und standardisierten Datenwelt zu bilden.

Ein Schnelleinstieg: SDMX versteht jeden Datenpunkt, zum Beispiel die „durchschnittliche Schneehöhe in einem alpinen Wintersportort", als eine durch mehrere Identifikatoren bestimmte Information. Solche Identifikatoren (*dimensions*) könnten sein: das Land (AT, CH, FR, IT, DE), der Ort (zum Beispiel bestimmt durch die Postleitzahl), das Jahr der Messung (2015, 2016, …), die Höhenlage des Skigebiets (zum Beispiel 1500 bis 2000 m), die Messmethode (Durchschnitt, im Gegensatz zu maximalem/minimalem Wert) und die Messgröße selbst („Schneehöhe"). Für die Interpretation der gemessenen Werte (zum Beispiel „384") ist dann noch ein Attribut für die Messeinheit („cm") erforderlich. Damit wäre schon eine einfache SDMX-Struktur für einen solchen Datenbestand gefunden, der dann Informationen zu allen Orten, Jahren und auch anderen Messgrößen (zum Beispiel

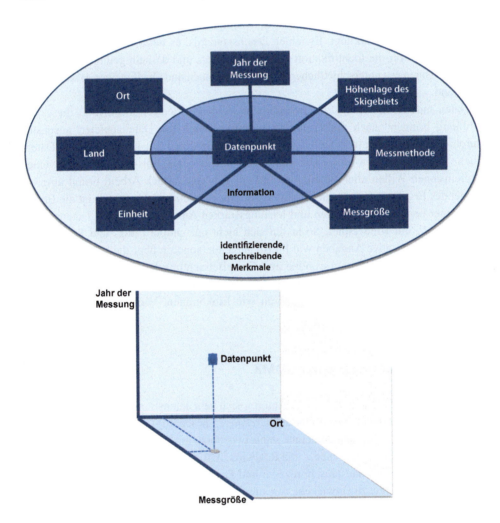

Abb. 1.3 Darstellung der Information „durchschnittliche Schneehöhe in einem alpinen Wintersportort" als Sternschema sowie (beschränkt auf drei Dimensionen) als Datenwürfel

1.5 Das Ordnungssystem SDMX

„Sonnenscheindauer") aufnehmen kann. SDMX liefert damit ein Datenmodell, das dem in der Informationstechnologie sehr häufig verwendeten *Stern- oder Schneeflockenschema* entspricht. Dabei steht die eigentliche Information (Fakten) im Zentrum und ist von den Identifikatoren (Dimensionen) sternförmig umgeben (vgl. Abb. 1.3). Eine andere Verdeutlichung dieses Datenmodells ist der mehrdimensionale *Datenwürfel* oder *Cube*. Dabei stellt man sich die Informationen als Datenpunkte in einem mehrdimensionalen Koordinatensystem vor, dessen Achsen die Dimensionen bilden.

Wichtig ist, dass für die Dimensionen standardisierte, möglichst international abgestimmt Codes wie zum Beispiel ISO-Länderschlüssel, Branchenschlüssel, Postleitzahlen, GPS-Koordinaten, abgestimmte Identifikationsnummern wie die *ISIN*[1] für Wertpapiere oder die *Alpha-ID*[2] für Diagnosen verwendet werden. Dieses mehrdimensionale, auf abgestimmten Kennungen aufsetzende Datenmodell liefert ein Ordnungssystem und einen Standard, der auf nahezu alle Phänomena anwendbar ist. Der Standard SDMX wird im zweiten Teil des Buches ausführlicher vorgestellt.

Wenn Ordnung und Standardisierung also so einfach und erfolgversprechend sind, wenn die Vorgehensweise so einleuchtend ist, warum wird sie dann so selten angewandt? Dieser Frage gehen wir in den folgenden Kapiteln auf den Grund.

---

[1] International Security Identification Number für Wertpapiere, Vergabe durch die Herausgebergemeinschaft der Wertpapiermitteilungen.

[2] Identifikationsnummer für Diagnosen, veröffentlicht durch das Deutsche Institut für Medizinische Dokumentation und Information.

Wie sieht die Realität aus? 2

2.1 Lücken trotz Sammelwut

Wie beschrieben werden Daten in wildem Eifer gesammelt. Jedoch besteht der Verdacht, dass dies nicht zwingend dort geschieht, wo dringende Informationen benötigt werden, sondern dort, wo es sich gut sammeln lässt. Deshalb werden auch heute noch bei jedem krisenhaften Szenario Datenlücken festgestellt und beklagt. Auch in der aktuellen Flüchtlingskrise in Deutschland wurden zum Beispiel Datenlücken zum Leerstand von Häusern und Wohnungen beklagt, trotz zahlreicher bereits existierender Datensammlungen zu Immobilien und Kauf- und Mietpreisen.

Ein weiteres Beispiel stammt aus der aktuellen Diskussion über die möglicherweise krebserregende Wirkung des zur Unkrautbekämpfung eingesetzten Breitbandherbizids Glyphosat. Bei dieser Diskussion stellte sich heraus, dass das Wissen über die geografische Verteilung von Krankheiten sehr lückenhaft ist. Daher können keine Untersuchungen durchgeführt werden über Korrelationen von (gehäuften) Erkrankungsfällen mit der Lage potenzieller Gefahrenquellen, wie zum Beispiel dem Einsatzgebiet gefährlicher Wirkstoffe in der Landwirtschaft bzw. an Bahnstrecken, den Standorten von Kraftwerken oder emissionsintensiven Fabriken sowie Verkehrsknotenpunkten. Dazu passend wäre auch die Frage, ob Studien zur Prävalenz von Hautkrebserkrankungen deutlich an Erkenntnis gewinnen könnten, wenn Daten aus der Medizin und der Meteorologie (Sonnenstrahlung, -intensität, Sonnenstunden nach geografischen Zuordnungen etc.) zusammengetragen würden.

Schließlich wurde bei den diversen Finanzkrisen von den neu geschaffenen internationalen Institutionen zur Überwachung der Finanzstabilität, zum Beispiel dem Financial Stability Board der G20-Staaten, eine ganze Serie von Datenlücken (*data gaps*) in den finanz- und realwirtschaftlichen Datensammlungen identifiziert.

2.2 Fehlende Ordnung im Datenuniversum

Für Datenanalysten gilt: Mit den Daten beginnt alles – sie sind die Bausteine, die Atome in unserem Universum und der Ausgangspunkt unser Arbeit. Damit können sie zugleich unser höchstes Gut oder der schrecklichste Fluch sein. Denn wenn nichts zusammenpasst, sind sie wertlos.

Von dieser Messlatte ist die in diesem Kapitel beschriebene explodierende Datenwelt sehr weit entfernt! Denn der Vergleich mit der Realität zeigt: Die Informationsindustrie hinkt bezüglich einer Standardisierung und Normung weit hinter anderen Industriezweigen oder Wissenschaftsdisziplinen hinterher: Denn weder gibt es ein Ordnungssystem für Daten und Informationen noch eine ausgeprägte Standardisierung und schon gar kein „Periodensystem der Elemente" wie in der Naturwissenschaft. Nirgendwo finden wir auch nur Ansätze eines *Unique Identifiers*, eines Barcodes für Informationen. So könnte der Eindruck entstehen, Google sei das eigentliche Ordnungssystem. Diese fehlende Standardisierung ist themenübergreifend zu beklagen, so wird zum Beispiel auch die fehlende Standardisierung von Daten in der Pflanzen(-genom-)forschung beklagt (vgl. Div. 2011).

Diese Art des Wildwuchses lässt sich auf globaler Ebene mit der Unkontrolliertheit des Internets erklären, jedoch findet sie auch in dem sonst deutlich besser verwalteten Bereich der Industrie statt: Der Mangel an Ordnung zeigt sich in den Datenwelten fast aller Unternehmen und begründet dort die zahllosen Datenintegrations-, BI- oder Data-Warehousing-Projekte, neuerdings auch durch *Big-Data-Projekte*. Der enorme Bedeutungszuwachs von Daten zeigt sich auch in der vielfachen Ernennung von *Chief Data Officers*, deren Hauptaufgabe in der Regel darin besteht, eine Gesamtordnung in die Datenwelt des Unternehmens zu bringen.

Da die wiederholten Versuche, die eigene (!) Datenlandschaft begehbar und beherrschbar zu machen, meist nur von mäßigem Erfolg gekrönt sind, zeigt sich das Phänomen fehlender Gesamtordnung instituts-, branchen- oder länderübergreifend noch stärker. Lediglich in Spezialgebieten mit entsprechenden kommerziellen Interessen liegen gut aufbereitete Datenwelten vor. So etwa bei der Suche nach Gebrauchtwagen, Hotelzimmern, Flugverbindungen und Wohnungen. Hinter den bekannten Scout- und Preisvergleichswebseiten stecken nicht etwa Big-Data-Lösungen, die die Gebrauchtwagenanzeigen des Internets per *Text-Mining* durchforsten und mithilfe ihrer vernetzten Intelligenz daraus die benötigten Informationen ermitteln. Nein, diese Daten wurden zuvor „in Ordnung gebracht", durch eine durchgängige Klassifikation (zum Beispiel Marke, Typ, Jahr der Zulassung, Postleitzahl des Anbieters, Kilometerstand) und einen durchgängigen Satz an Attributen (zum Beispiel Vorhandensein von Klimaanlage, Anhängerkupplung).

2.3 Nutzung der IT-Technologie nicht ohne fachliche Expertise möglich

Für die neuen aus Mikrodaten und deren Verknüpfung gebildeten hochwertigen Datensammlungen ergibt sich eine Änderung der Arbeitsweise: Bei der Masse, Vielfalt und

Komplexität der Daten kann a priori gar nicht festgelegt werden, welche Fragestellungen mit diesem Datenmaterial überhaupt beantwortet werden sollen. Das heißt, es ergibt sich eine stark erhöhte Volatilität der Auswertungswünsche. Damit ist die Informationsgewinnung nicht mehr als klassische, geradlinige Statistikproduktion abbildbar, stattdessen ist die Umsetzung eines Konzepts der Datenanalyse *on demand* erforderlich. So wird etwa eine granular aufgebaute Statistik über Wertpapierinvestments (*security-by-security*) natürlich mit Blick auf standardisierte, stets wiederkehrende Auswertungen konzipiert. Doch ein wachsender Anteil an Analyseanforderungen widmet sich Fragestellungen, die über Nacht brisant wurden, so etwa: Wie sieht international die Halterstruktur für Staatsanleihen eines bestimmten europäischen Landes aus?

Gerade mit der Verknüpfung mehrerer Datenquellen werden schnell neue Datensammlungen mit mehr als 30 Dimensionen (Identifikationsmerkmalen für einen Datenpunkt) gebildet, die eine gigantische Vielfalt an Auswertungsmöglichkeiten bieten. Aber welcher Analytiker oder Wissenschaftler kann (und möchte) schon mit 30 Dimensionen umgehen und solche Analysen *on demand* formulieren? In der Praxis wird man häufig an drei, vier oder fünf „Schräubchen drehen" oder mit entsprechend vielen „Bällen jonglieren", aber dann ist die Grenze bald erreicht. Die Informationssysteme müssen also die tiefe fachliche Expertise durch geeignete Datenanalysen unterstützen, statt umgekehrt den Experten in einem nicht mehr beherrschbaren Datensumpf ertrinken zu lassen. Sonst besteht die Gefahr, dass wir zwar datentechnisch korrekt operieren, aber letztlich Äpfel mit Birnen vergleichen. Dies gilt auch für die häufig praktizierte Technik des *Data-Mining*. Hier werden roboterartig ganze Datendschungel durchforstet, alle möglichen Permutationen der oben genannten 30 Dimensionen gebildet und auf signifikante Ausprägungen der Messgrößen untersucht. Hier ist jedoch genauso wie bei der im nachfolgenden Abschnitt beschriebenen *Big-Data-Technik* die fachliche Expertise zur Bewertung der Ergebnisse von größter Wichtigkeit.

Literatur

Div. (2011) The iPlant collaborative: Cyberinfrastructure for plant biology. Front Plant Sci (Review Article). doi: 10.3389/fpls.2011.00034

Was können wir von Big Data erwarten? 3

Die Datenanalyse soll also viel dynamischer (*on demand*) und viel schneller vonstattengehen bei einem gleichzeitig dramatisch gestiegenen zu verarbeitenden Datenvolumen. Das ist eine nahezu unlösbare Herausforderung. Man hat jedoch den Eindruck: je häufiger eine Herausforderung als „nahezu unlösbar" eingestuft wird, desto größer die Zahl der IT-Anbieter, die Lösungen für sie anbieten. Zahllose Anzeigen nicht nur in einschlägigen IT-Fachmagazinen, sondern in populären Wochenzeitschriften senden eine deutliche Botschaft an Unternehmen: Ihr sitzt auf einem Datenschatz und müsst ihn nur heben – unter massivem Einsatz von IT-Technologie. Und entsprechend suggerieren die Anbieter der IT-Produkte, dass es ohne Big Data wohl nicht mehr geht. Deshalb ist an dieser Stelle ein kurzes Plädoyer für einen reflektierten Umgang mit technologischen Innovationen angebracht.

3.1 Der Big-Data-Hype

Kaum eine Branche ist mit derart hoher Innovationskraft ausgestattet wie die vergleichsweise junge Informationstechnologie. Hinzu kommt die bewundernswerte Bereitschaft zum ständigen Neuanfang, bei dem bestehende Konzepte ohne Reue zugunsten noch frischerer Ideen verlassen werden. Kein Wunder, dass wir nahezu im Jahresrhythmus mit komplett neuen erfolgversprechenden Ansätzen konfrontiert werden. Ein Phänomen, dem die Gartner-Beraterin Jackie Fenn den treffenden Namen *Hypezyklus* (Fenn 1995) gegeben hat.

Ein typisches Beispiel hierfür ist *Big Data*, das Schlagwort der Stunde, das die Anfang der 2000er-Jahre ähnlich stark propagierten Begriffe *BI* (*Business Intelligence*), *DWH* (*Data Warehouse*) und *OLAP* (*Online Analytical Processing*) erfolgreich ergänzt hat. *Big-Data-Systeme* können verteilt gelagerte Datenmengen verarbeiten, beschleunigen

Datenzugriffe durch Parallelisierung/Networking und ermöglichen damit Vorgehensweisen, die ohne diese enorme Rechenpower gar nicht denkbar wären. So etwa das Durchsuchen „unstrukturierten Datenmaterials" – zum Beispiel *Text-Mining* –, um Besonderheiten aufzustöbern oder Muster zu erkennen.

Suchmaschinen listen – zum Zeitpunkt des Schreibens dieser Zeilen – für den Begriff *Big Data* ca. 450.000.000 Suchtreffer auf und haben dieses Ergebnis sicher selbst per *Big Data* ermittelt (in erstaunlichen 0,35 Sekunden).[1] Keine IT-Zeitschrift kommt ohne einen Artikel, keine Fachmesse ohne eigene Vorträge zu diesem Thema aus. *Big Data*, lernt man aus der neuesten Umfrage, sei bei den im Bereich Informationsverarbeitung erfolgreichsten Unternehmen bereits im Einsatz. Die Mehrheit der anderen Unternehmen zählen es – nachgewiesen durch umfragebasierte Prozentwerte und Ranglisten – als strategischen Baustein für ihr Unternehmen auf.

Big Data, so verspricht uns die Informationstechnologie, wird unsere Paradigmen im Umgang mit Daten verändern. Wir können unseren bisherigen, klassisch-wissenschaftlichen Ansatz, bei dem wir zunächst eine Hypothese aufstellten, dann geeignete Daten ermittelten und schließlich anhand dieser Daten unsere Hypothese prüften, ersetzen durch einen neuen, deutlich bequemeren Weg. Die Hypothese müssen wir uns nicht ausdenken. Das mühsame Strukturieren der Daten, das Filtern nach relevanten und irrelevanten Indikatoren entfällt. Unser aufwendig erarbeitetes, gut sortiertes Data-Warehouse muss nicht mehr gepflegt werden; es reicht, alle vorhandenen Daten in einen großen, tiefen *Data-Lake* (Datensee oder Datenmeer) zu werfen, aus dessen brodelnder Mitte dann die Datenschürfalgorithmen wie durch Magie neue Erkenntnisse bergen.

3.2 Was ist Big Data? Eine technische Betrachtung

Rein technisch ist die hinter *Big Data* stehende Idee recht einfach: Jeder Computer besteht im Kern aus den Prozessoren, dem internen Speicher und dem Festplattenspeicher. Mithilfe der *Big-Data-Technologie* werden beliebig viele Rechner, in der Regel leistungsfähige Serversysteme, vernetzt, um damit deren gesamte Rechnerleistung und Speicherkapazität zu bündeln und in einem einzigen *Big-Data-Prozess* zu nutzen. Damit sind eine nahezu unbegrenzte Leistung und ein gigantisches Speichervolumen nutzbar.

So wird etwa das gesamte zu verarbeitende Datenvolumen bei einem Einsatz von zum Beispiel zehn Rechnern in zehn Teile aufgeteilt und auf den Servern abgelegt, von denen jeder dann seinen Datenteil verarbeitet. Doch was sich so einfach anhört und was dank der *Hadoop Open Source Software* auch leicht zugänglich ist, wird doch recht schnell sehr komplex. Damit die Prozesse kontrolliert über mehrere Rechner ablaufen können, bedarf es einer Art Betriebssystem, das die Verteilung der Daten, die Initiierung der Prozesse und die Koordination der Ergebnisse steuert. Das leistet im Wesentlichen das *Hadoop*

---

[1] Stand April 2016

Distributed File System (HDFS). Dieses steuert das Zusammenspiel der einzelnen Server (*Data Nodes*) mit einen übergeordneten Verwaltungssystem (*Name Node*).

Damit können zum Beispiel Zählungen der Häufigkeit von Textstellen in einzelnen Datenteilen und deren Zusammenführung zu einem Gesamtergebnis recht gut bewerkstelligt werden. Andere Auswertungen gestalten sich aber noch etwas schwieriger, so zum Beispiel die Bildung von Durchschnittswerten über den gesamten Datenbereich. Obwohl der einzelne Server nicht alle Daten kennt, so kann er doch für seinen Datenteil den Durchschnittswert und ein zugehöriges Gewicht für diesen Teil ermitteln. Die Bildung des gesamten Durchschnitts muss dann auf dem übergeordneten *Name Node* erfolgen. Je komplexer das gewünschte Ergebnis ist – man stelle sich eine statistische Verteilungsfunktion vor –, desto mehr Funktionalität muss auf dem übergeordneten System abgebildet werden. Hier kommen wiederum neue Programmiersprachen zum Einsatz, die nicht allzu viel gemein haben mit den herkömmlichen Programmierparadigmen und damit eine neue Entwicklungstechnik und Entwicklergeneration erfordern.

Damit die Big-Data-Prozesse ihre Ergebnisse für eine Weiterverarbeitung verwertbar ablegen können, gibt es entsprechende Schnittstellen für traditionelle Datenformate oder Abfragesprachen wie zum Beispiel *SQL* (*Standard Query Language*) oder *CSV* (*Comma Separated Values*), daneben kooperieren einige herkömmliche Analyseanwendungen namhafter Hersteller (zum Beispiel *OLAP-Produkte*) mit der *Big-Data-Technologie*.

Die Technologie verfügt über ein enormes Potenzial, sehr große Datenvolumina zu durchkämmen, auf Auffälligkeiten hin zu untersuchen, schwach strukturierte Daten zu ordnen und für eine Weiterverarbeitung in Datenbank- oder Analysesystemen aufzubereiten. Die Technik kann ihre Stärken vor allem am Anfang des Datenanalyseprozesses, bei der Datensammlung, ausspielen und dabei gegebenenfalls auch bestehende Erhebungsmethoden ergänzen bzw. ersetzen. Insbesondere bei „kontinuierlich sprudelnden Datenquellen" wie Twitter-Posts, Suchmaschinenanfragen, Sensor- und Streamingdaten wird diese Technik sehr wertvoll sein, weniger dagegen bei der Implementierung einer komplexen Geschäftslogik.

3.3 Was leistet Big Data nicht?

Big Data, das ist ein Wunder, ein wahrgewordener Wunschtraum: Elektronische Helferlein, von uns erschaffen, mit neuronalen Netzwerken ausgestattet und durch *machine learning* geschult, nehmen uns die ungeliebte Datenarbeit ab. Aschenputtel muss die Linsen einfach nicht mehr sortieren, sie kann gleich auf den Ball gehen. Aber der neue Ansatz hat Grenzen. Dieser Durchbruch dürfte ebenso wenig von *Big Data* zu erwarten sein, wie die vollautomatische unternehmensweite Datenintegration durch BI-Anwendungen verwirklicht wurde.

Diese Grenzen werden bereits bei der Datensammlung deutlich. Denn bei einem Datengetriebenen Vorgehen sind natürlich die Daten der Dreh- und Angelpunkt. Damit treten die technischen Aspekte der Datenbeschaffung in den Vordergrund, und die Auswertungen, für die möglichst viele Daten auf möglichst einfachem Weg beschafft werden können, gewinnen an Attraktivität. Die Fragestellungen werden also nicht mehr inhaltlich vorangetrieben, sondern entlang der Beschränkungen des vorhandenen Datenmaterials. Es bestimmt das Angebot die Nachfrage.

Auch die Datenaufbereitung hat ihre Tücken: In den meisten Fällen ist der sinnhaften Verdichtung des Datenmaterials mit einem einfachen *Straight-forward-Verfahren* nicht gedient. So müssen bei Summenbildungen Spezialfälle ausgeklammert oder unterschiedlich behandelt werden, oder die Zeitbetrachtungen ergeben erst dann Sinn, wenn Sondereinflüsse angemessen berücksichtigt worden sind. All dies erfordert besondere Fertigkeiten, Techniken und Tools zum Umgang mit Massendaten.

Die wahren Probleme beginnen jedoch erst bei der Datenauswertung. Nicht ohne Grund wird angehenden Statistikern bereits sehr früh beigebracht, das Aufstellen der Hypothese sowie das Formulieren des Tests *niemals* ex post, also nach Sichten des Datenmaterials, durchzuführen. Zu leicht verführt ein quantitativer Zusammenhang zu einer Theorie, die dann schändlicherweise gar noch anhand der gleichen Daten verifiziert wird. Dieses statistische Grundprinzip ist kein Selbstzweck – es zwingt den Forscher, einzelne Fragen bewusst, neutral und ehrlich im Vorfeld zu formulieren: Ab wann ist ein Zusammenhang relevant? Ab wann ist ein Ausschlag groß zu nennen? Ab wann reicht die Datenmenge aus, um von einer Signifikanz einer Aussage zu sprechen?

Doch selbst dann, wenn die Datenauswertung unter sorgfältiger Einbeziehung aller vorher genannten Effekte stattfand, stellt die Interpretation des Ergebnisses die größte Herausforderung dar. Ohne die besondere fachliche Kenntnis sowohl der Inhalte als auch der Methodik kann sie zu Fehlschlüssen verleiten. Ein krasses Beispiel dafür ist eine willkürliche Stichprobe, anhand derer festgestellt wird, dass das Tragen von Nylonstrumpfhosen das Auftreten von Zellulitis begünstigt. Natürlich lässt sich eine unleugbare statistische Korrelation zwischen beiden Phänomenen in der Stichprobe feststellen. Hängen die beiden deswegen kausal zusammen? Mitnichten! Aber wie lässt sich der Zusammenhang nun erklären? Ganz einfach – mit dem unsichtbaren dritten Faktor: Dem Geschlecht der Probanden in der Stichprobe. Denn Frauen neigen zum einen deutlich stärker zu Zellulitis als Männer, zum anderen tragen sie auch deutlich häufiger Nylonstrumpfhosen. Bei einer aus Frauen und Männern bestehenden Stichprobe gibt es daher häufig Probanden, bei denen entweder gleichzeitig beide Phänomene auftreten (Frauen) oder eben keines von beiden (Männer).

Auch bei dem schon zuvor erwähnten Beispiel der möglichen krebserregenden Wirkung von Glyphosat zeigt sich die Komplexität der Dinge an sich und der speziellen Fragestellung: Denn hier liegen große Meinungsverschiedenheiten zwischen renommierten Organisationen vor, darunter die WHO (World Health Organisation), die IARC (Internation Agency for Rescarch on Cancer), die europäische EFSA (European Food Safety Authority) und das deutsche BfR (Bundesinstitut für Risikobewertung). Hier bezweifelt man gegenseitig die Korrektheit der Versuchsmethodik, weil etwa bei den Tierversuchen eine eher zur Tumorbildung neigende Mäuserasse verwendet worden sein könnte. Das betrifft aber nur die Fragestellung, wie gefährlich der direkte Kontakt mit dem Wirkstoff für die in der

Unkrautbekämpfung tätigen Personen ist. Die andere Frage in diesem Zusammenhang ist, ob die gentechnische Veränderung in der Pflanze, die zu einer Resistenz gegenüber Glyphosat führt, an sich krebserregend ist. Letzteres wäre wichtig, wenn gentechnisch veränderte Pflanzen angebaut oder importiert und verfüttert würden. Dann würde es aber nochmals komplizierter: Wenn bei einem Schwein, das im Münsterland im Stall steht, vielleicht in Brasilien angebautes Soja, in den USA angebauter Mais und in Norddeutschland angebaute Gerste verfüttert wurde, wenn der Schinken von diesem Schwein womöglich in einer privaten Metzgerfiliale in Köln, die Haxen in Bayern und die Lende in einem Supermarkt in Berlin landen, und wenn dann ein Berliner (bedingt durch Langzeitfolgen) fünf Jahre später an Krebs erkrankt, dann wird man kaum auf den Glyphosateinsatz in Brasilien oder im Münsterland rückschließen können, ohne tausende andere Einflussfaktoren auszuschließen.

Wie schön wäre es doch, wenn man sich all dieser methodischen Probleme entledigen könnte und die „Wahrheit" ohne großes Nachdenken mittels *Big-Data-Technik* aus einem *Data-Lake* ziehen könnte. Es wäre schön, ja zu schön – und darin würde sogar die große Gefahr liegen: Nämlich in der Versuchung, die für die möglicherweise „gewünschten Forschungsergebnisse" passenden Datenquellen und Algorithmen heranzuziehen. Und es wäre dann nahezu unmöglich, eine methodische Diskussion wie im zuvor genannten Beispiel der Mäuserasse zu führen. Es wäre eine Umkehrung des seit Generationen gelernten Prinzips der Mathematik „Gegeben sind die Gesetze, gesucht ist das Ergebnis" in ein Prinzip „Gegeben ist das Ergebnis, gesucht ist ein Algorithmus, der das gewünschte Ergebnis ausspuckt".

3.4 Ethische Bedenken

Die maschinelle Auswertung großer Massendaten ist also insgesamt mit Vorsicht zu betrachten. Nicht umsonst postulierte die Sozialforscherin Danah Boyd (Boyd und Crawford 2012) bereits 2012 wesentliche Kritikpunkte an dieser Vorgehensweise. Neben ethischen Bedenken („Just because it is accessible doesn't mean using it is ethical") führt sie den zu Unrecht mit quantitativen Analysen assoziierten Nimbus der Unanfechtbarkeit ins Feld („Claims to objectivity and accuracy are misleading") und warnt uns davor, sich durch die schiere Datenmasse beeindrucken zu lassen („Bigger data are not always better data") oder die inhaltliche Deutung zu vernachlässigen („Taken out of context, Big Data loses its meaning").

Die Erfolge und die konsiderable Schlagkraft der IT verleiten die Protagonisten allerdings mitunter dazu, ihr angestammtes Kompetenzfeld mehr als sonst zu verlassen und inhaltliche Aussagen über fachliche Aufgabenstellungen zu formulieren. Ja, die Technologie ist sehr mächtig. Ja, sie kann zu erstaunlichen zusätzlichen Erkenntnissen führen. Aber zu glauben, etablierte Gesetze zur verantwortungsvollen Informationsauswertung könnten durch schiere Masse außer Kraft gesetzt werden, frei nach dem Motto „Wenn ich nur genügend viele Daten habe, klappt es plötzlich doch!", wäre nicht nur naiv, sondern sogar gefährlich.

Es wäre zum einen naiv, da die Werbebotschaften der IT-Marketingmaschinerie teilweise überinterpretiert werden. „Schema on write", hört man, werde ersetzt durch „schema on read" und versteht darunter, dass die Daten beim Laden in das System nicht strukturiert werden müssen, sondern das System sie bei der Auswertung selbst strukturiert. In Wahrheit bedeutet es zunächst nur, dass die Daten in der ihnen innewohnenden Struktur gespeichert werden. Die Umwandlung der Daten in die für die jeweilige Auswertung relevante Struktur erfolgt dann regelbasiert und ist damit vom Benutzer recht einfach konfigurierbar. Falls sich die Eingangsstruktur der Daten verändern sollte, erfordert dies dann nicht eine kostenintensive Programmanpassung, sondern lediglich eine Umstellung des Regelwerks. Die Software wird dadurch flexibler, da parametrisierbar. Dennoch müssen auch diese Parameter bewusst verfasst und eingespeist, also auch diese Regelwerke gepflegt werden.

Zum anderen wäre dieser Glauben an die reine Masse der Daten gefährlich, denn aus den oben bereits genannten Gründen können ohne eine bewusste Steuerung und Interpretation keine verbindlichen Aussagen allein aus quantitativen Zusammenhängen getroffen werden. Und die Annahme, die Maschine verfüge bereits über diese Art von Intelligenz ist – heutzutage – noch falsch. Bewusstsein, die Gabe, über einen wenn auch noch so komplexen Algorithmus hinaus zu denken, ist für den Augenblick noch den „Bio-Brains", den menschlichen Gehirnen, vorbehalten.

In dieser Hinsicht kann und darf Big Data nur eine Ergänzung zu einer integeren wissenschaftlichen Vorgehensweise sein. Sie kann Inspiration und Anstoß zur Untersuchung neuer Zusammenhänge geben. Sie kann uns in die Lage versetzen, unsere Ansätze auf noch größeren, noch komplexeren Datenstrukturen durchzuführen. Aber sie sollte uns nicht dazu verleiten, unsere Augen zu schließen und uns der Führung blinder Algorithmen anzuvertrauen.

3.5 SDMX und Big Data: Ergänzung statt Widerspruch

Die ungleich stärkeren und schnelleren *Big-Data-Systeme* werden in der explosionsartig wachsenden Datenwelt unverzichtbar sein. Denn es ist unrealistisch, dass jede der sprunghaft auftauchenden und wachsenden neuen Datenquellen (Sensoren, Social Media) sofort wohlgeordnete und einheitlich klassifizierte Daten ausspuckt. Deshalb werden Techniken benötigt, um mit diesem Wildwuchs umzugehen. Aber auch diese Systeme können keine Wunder bewirken. Immer noch gilt: Alles, was ein IT-System, in diesem Fall ein Analysesystem, für uns leistet, muss ihm erklärt und beigebracht werden. Um Muster zu erkennen, muss das System die Musterbestandteile kennenlernen, so auch den Rohstoff, mit dem es arbeiten soll – das Datenmaterial. Die Ordnung der Daten durch deren Modellierung mithilfe eines Standards wie SDMX kann die unbändige Kraft einer *Big-Data-Technologie* zielgerichtet einsetzbar machen.

Stellen wir uns vor, für die Ermittlung der Verbraucherakzeptanz eines Produkts mit einem *Big-Data-Prozess* sehr umfangreiche Texte zu durchkämmen, um in den zum Produkt vorliegenden Kommentaren das Wort „schön" zu ermitteln. Auch hier muss dem Prozess beigebracht werden, die Kommentare wie „schön", „sehr schön", „von außerordentlicher Schönheit" usw. positiv einzustufen und entsprechend aufzusummieren. Aber die Begriffe wie „nicht schön", „schön ist etwas anderes", „alles andere als schön" müssen negativ bewertet und analog aufsummiert werden. Und dabei ist es recht schwierig, die sprachlichen Varianten wie Ironie oder Sarkasmus („Wenn das schön ist, bin ich Mister World") zu erfassen. Es geht eben nicht ohne die menschliche Intelligenz!

Und es bleibt dabei: An jedem Anfang jeder Datenanalyse steht das Verstehen und Ordnen der Daten. Im obigen Beispiel stellt also die Struktur der Sprache das Ordnungssystem dar, das von den aufgezeigten Sprachelementen zum Verständnis angereicht wird. Denn Daten zu ordnen, bedeutet, Daten zu verstehen. Und nur wer die Daten versteht, kann die ihnen innewohnenden Botschaften deuten. Man darf hier jedoch keine zu schnellen Erfolge erwarten: Es braucht Zeit zum Aufbau einer Ordnung. Diese kann also das explosionsartige Wachstum des Datenvolumens nicht bändigen. Aber auch bei einer Überschwemmung muss man sich zunächst um die gigantischen Wassermassen kümmern, aber man darf nicht auf den Aufbau einer intelligenten Steuerung in Form von Poldern, Kanälen, Korrekturen von Flussläufen etc. verzichten.

Die wichtige Ergänzung von *Big Data* und *SDMX* zeigt sich aber vor allem auf der Ergebnisseite. Wohin soll ein *Big-Data-Prozess* seine gewonnenen Erkenntnisse und Ergebnisse ausgeben? Wie in Abschn. 3.2 beschrieben, ist eine Verbindung der *Big-Data-Technik* mit Analysesoftwareprodukten wie zum Beispiel OLAP-Systemen namhafter Hersteller vorgesehen. Diese wiederum benötigen strukturierte Daten, die der *Big-Data-Prozess* liefern muss. Das heißt, der Einsatz von modernster Technik (*Big Data*) und die Nutzung eines Ordnungssystems ergänzen sich perfekt in ihren Beiträgen zur Wertschöpfung der Informationsgewinnung, Aufbereitung und Analyse (vgl. Abb. 3.1). Beispielsweise werden *Big-Data-Techniken* verwendet, um Datenquellen zu Immobilien- und Mietpreisinformationen zu durchkämmen. Die Ergebnisse sind aber nur brauchbar, wenn sie in einer geordneten Datenwelt aufbereitet werden, gegliedert nach Städten, Stadtteilen, Straßen, Wohnungstypen und -größen, Alter und Ausstattungsvarianten usw. Für diese Ergebnisausgabe liefert *SDMX* die idealen Voraussetzungen.

Ebenso können sich *Big Data* und *SDMX* auf der technischen Ebene ergänzen. Denn die Zusammenfassung vieler SDMX-Datenbestände ist wiederum nichts anderes als ein gigantisch großer Datensee, für dessen Durchsuchung sich *Big-Data-Techniken* anbieten würden, etwa durch einen für *SDMX* konzipierten Aufsatz auf die Hadoop-Systeme.

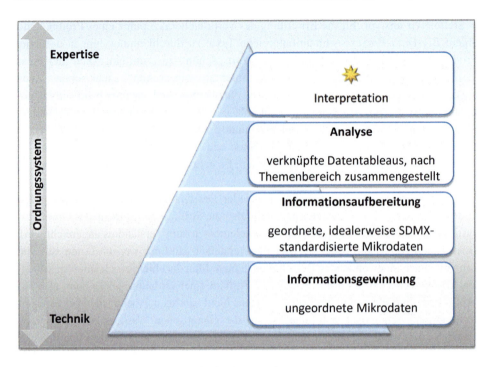

Abb. 3.1 Pyramide der Wertschöpfung in der Datenanalyse

Literatur

Boyd D, Crawford K (2012) Critical questions for big data: Provocations for a cultural, technological, and scholarly phenomenon, Information, Communication & Society. http://www.tandfonline.com/doi/abs/10.1080/1369118X.2012.678878. Zugegriffen: 20. Febr. 2017

Fenn J (1995) The microsoft system software hype cycle strikes again. Gartner Group, Stamford

4 Warum ist Datenintegration so schwierig?

Warum gibt es kein Ordnungssystem für Daten und Informationen? Ordnung zu schaffen ist eine Aufgabe, der sich die meisten nur mit einem großen Seufzer widmen. Schon in der Kindheit stellt das Aufräumen des Kinderzimmers eine der wenig geliebten Aufgaben dar, und diese Abneigung hat sich bei vielen Menschen bis ins Erwachsenenalter erhalten. Warum dem so ist, mag ein Rätsel bleiben. Bei genauem Betrachten, stellen wir fest, dass „Ordnung schaffen" ein zweistufiger Prozess ist. Schritt 1: Ein passendes Ordnungssystem aufstellen. Schritt 2: Dieses Ordnungssystem auf den zu ordnenden Bereich anwenden. Diese beiden Schritte sind stets gleich, ob es sich um den Inhalt eines Federmäppchens oder die Literaturverweise der eigenen Doktorarbeit handelt. Und stets ist Schritt 1 der schwerere. Auf die Datenwelt übertragen bedeutet Schritt 1, einen Standard für die Datenklassifikation zu entwickeln. Doch genau da beginnen bereits die Probleme.

Aber gehen wir einen Schritt zurück, indem wir zunächst versuchen, den häufig verwendeten, jedoch überraschend komplexen Begriff Datenintegration genauer zu beschreiben und die wesentliche Rolle des Ordnungssystems darin zu ergründen.

4.1 Was ist Datenintegration?

Aus Nutzersicht würde man Datenintegration vielleicht so beschreiben: Es ist der Prozess, der benötigt wird, um aus unterschiedlichsten Informationen einen tatsächlichen Wissensgewinn zu erzielen (vgl. Abb. 4.1). Was aber genau spielt sich bei diesem Prozess ab?

Im Allgemeinen versteht man unter Integration den Vorgang, in ein vorhandenes Gebilde, das seine „Kultur" durch Regeln, Gesetze, Freiheitsgrade, Leistungszusagen, Verpflichtungen usw. definiert hat, etwas bisher Außenstehendes unter Berücksichtigung dieser Kultur einzubinden. Dieser Gedanke lässt sich in die Welt der Datenverarbeitung übertragen.

4 Warum ist Datenintegration so schwierig?

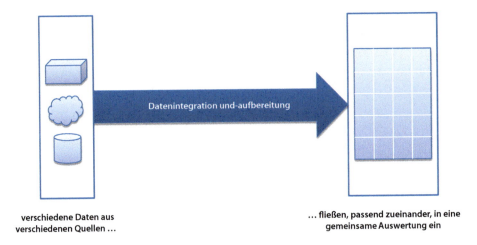

Abb. 4.1 Datenintegration aus Nutzersicht

Das Vorgehen bei einer Datenintegration lässt sich über eine Stufenleiter beschreiben (vgl. Abb. 4.2). Die erste Ebene ist die *logische Zentralisierung* der Daten. Darunter versteht man den Vorgang, die Daten in einem gemeinsamen System zu sammeln. Die Daten können dabei physisch (also tatsächlich) oder virtuell (zum Beispiel nur durch Verlinkung) in diesem System liegen, wichtig ist, dass das System einen zentralen Einstiegspunkt bietet, von dem alle Nutzer auf alle Daten einen einheitlichen Zugriff erhalten.

Integration ist aber mehr als nur das Nebeneinanderablegen von Daten, vielleicht wäre das ein Vergleich zum Begriff der Parallelgesellschaft im Sozialwesen. Denn noch fehlt

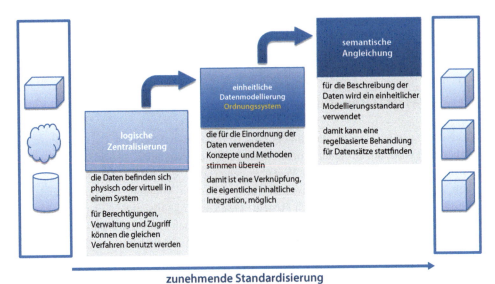

Abb. 4.2 Stufenleiter der Datenintegration

4.1 Was ist Datenintegration?

komplett der gegenseitige Bezug. Integration braucht als zweite Stufe, ein gemeinsames Ordnungssystem, genauer gesagt, zunächst eine *einheitliche Datenmodellierungsmethode*. Denn erst durch die Verwendung einheitlicher Konzepte und Begriffe für die Art und Weise, *wie* wir über Daten reden und sie beschreiben, wird eine regelbasierte (und damit automatisierbare) Behandlung der Daten möglich. In unserem SDMX-Ansatz ist dies die Beschreibung und Klassifikation der Daten durch Dimensionen, Attribute, Konzepte, Codelisten usw.

Die eigentliche Integration in dem oben beschriebenen Sinne benötigt aber als dritte Stufe zum inhaltlichen Verständnis die *semantische Angleichung*. Denn erst dadurch wird erreicht, dass innerhalb der Dimensionen, Attribute und Codelisten dieselben Inhalte verwendet werden. Es ist eben wichtig, dass unter Begriffen wie Kredit, Preis oder Höhe jeweils das Gleiche verstanden wird. Auch wenn bei dem Begriff Höhe festgelegt wird, dass die Angabe in Metern mit zwei Dezimalstellen erfolgt, so ist es doch wichtig zu wissen, ob es sich um die Höhe eines Ortes über dem Meeresspiegel, um die Höhe eines Gebäudes über der Grundfläche, um die Höhe einer Etage in einem Mietshaus oder um die Höhe des Sprungbretts über dem Wasserspiegel eines Schwimmbades handelt. Dazu muss dem eigentlichen Konzept Höhe noch die textliche Erklärung des Verständnisses beigefügt werden. Diese wird heute über Dictionaries, Ontologien, Methodologien, Repositorien usw. abgebildet.

Warum macht man das alles? Diese verschiedenen Stufen der Datenintegration ermöglichen erst das weitgehend automatisierte Zusammenführen von verschiedenen Daten und Datenquellen zu einer hochwertigen, weil themenübergreifenden Datensammlung. Für unser konkretes Beispiel aus Abschn. 3.1 über die möglicherweise krebserregende Wirkung von Substanzen würde ein integrierter Datenbestand aus medizinischen, geografischen, meteorologischen und administrativen Daten ermöglichen, die unbekannten Korrelationen von (gehäuften) Erkrankungsfällen mit der Lage potenzieller Gefahrenquellen aufzuspüren.

Das konkrete Arbeiten mit einer solchen Datensammlung wiederum ist sehr komplex, so dass der eigentliche Kniff im „Verknüpfen und anschließend vereinfachen" besteht. Denn wenn die vielen zusammengetragenen und semantisch angeglichenen Datenwürfel verknüpft werden, entsteht ein – eigentlich für einen Menschen nicht bedienbarer – Superwürfel mit vielen Dimensionen und einer enormen inhaltlichen Vielfalt. Man stelle sich die vielen Dimensionen des oben genannten Gebildes aus medizinischen, geografischen, meteorologischen und administrativen Daten vor. Um eine Fragestellung anzugehen – zum Beispiel, ob sich Erkrankungsfälle in der Nähe der Einsatzgebiete einer Substanz häufen –, ist meist nur ein kleiner Teil der Daten in Betracht zu ziehen. Der Superwürfel muss also im Anschluss wieder im Sinne der Bedienbarkeit vereinfacht und sozusagen in eine flache, verständliche Struktur „plattgedrückt" werden. Für diese Struktur lassen sich dann für den Benutzer gut verständliche und leicht bedienbare Analyseprodukte, zum Beispiel sogenannte Dashboards, erstellen. Abbildung 4.3 beschreibt den gesamten Vorgang der Standardisierung, Verknüpfung und anschließenden Vereinfachung, der schließlich zu dem Ergebnis führt, das Datennutzer sich von der Datenintegration versprechen.

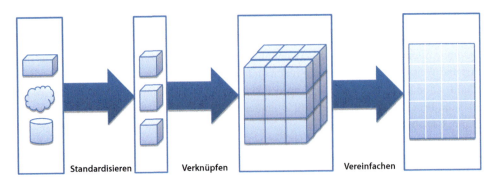

Abb. 4.3 Komplette Prozesskette der Datenintegration und -aufbereitung

Die Schritte in dieser Prozesskette lassen sich technisch unterstützen, gegebenenfalls sogar automatisieren. Man könnte also eine „Fertigungsstraße der Datenintegration und -aufbereitung" erstellen. Unabdingbar für diese Entwicklung sind jedoch die oben genannten Standardisierungsstufen: erstens die technische Zentralisierung, zweitens die einheitliche Datenmodellierung und drittens die semantische Angleichung. Die erste Stufe ist dank der modernen IT-Technologie eine lösbare Aufgabe geworden. Die dritte Stufe beinhaltet die intensive fachliche Auseinandersetzung und kann den Datenexperten nicht abgenommen werden. Die zweite Stufe, eine konsequent durchgängig eingesetzte einheitliche Datenmodellierung – ein Ordnungssystem wie z.B. SDMX –, bildet das Bindeglied aus technischer und fachlicher Standardisierung, ihr ist der überwiegende Teil unserer nachfolgenden Betrachtungen der Schwierigkeiten bei der Umsetzung gewidmet.

4.2 Schnelligkeit der Entwicklung in der Informationstechnologie

Die Etablierung von Standards erfordert in der Regel recht viel Zeit, weil dabei eine Fülle von nationalen und internationalen Abstimmungsprozessen in den entsprechenden Normungs- oder Standardisierungsgremien (zum Beispiel *DIN, ISO*) zu durchlaufen sind. Dies gilt auch für Standards aus dem IT-Bereich. Auch die Etablierung des Statistikstandards *SDMX* als *ISO-Standard* erforderte ca. vier Jahre, obwohl in dieser Zeit keine substanziellen Änderungen an der Definition selbst vorgenommen wurden.

Die Entwicklungen der zugehörigen Technik oder Produkte erfolgt natürlich mit wesentlich höherer Geschwindigkeit, so dass die Festlegung eines Standards oft auch die Funktion einer Ex-post-Vereinheitlichung hat. Das ist nicht ungewöhnlich. Auch für Handyladekabel wurde ein einheitliches Steckerformat leider erst festgelegt, nachdem jeder Hersteller seine eigene Schnittstelle längst geschaffen hatte. In der Welt der Daten war und ist eine enorme Schnelligkeit der Entwicklung von IT-Infrastrukturen zu beobachten. Auch das ist nicht überraschend, denn Softwareentwicklung ist eine Disziplin, die ein hohes Entwicklungstempo und eine sehr schnelle Produktverbreitung ermöglicht.

Das erklärt auch das rasante Wachstum des Phänomens Internet. Das hier zu beobachtende Entwicklungstempo war sogar zu hoch für die Politik, denn es wurde regelrecht

„vergessen", eine „Internetsteuer" oder eine „E-Mail-Gebühr" einzuführen, wobei doch ansonsten fast jedes Gut eine Besteuerung erfährt. Nicht ausschließen möchten wir natürlich die Möglichkeit, dass bewusst auf eine Besteuerung verzichtet wurde, um das schnelle Wachstum nicht zu behindern. Diese rasante Entwicklung war nur möglichst, weil sehr früh eine Festlegung auf das http(s)-Protokoll und die html-Auszeichnungssprache erfolgte, gewissermaßen als De-facto-Standards. Mit diesen beiden Festlegungen ist die Erstellung eines Webbrowser eine vergleichsweise einfache Übung. Das wiederum erklärt das schnelle Wachstum und die Vielfalt der Browser.

Kurz und gut: In dieser elektronischen Welt, von Bundeskanzlerin Angela Merkel einmal nicht zu Unrecht als „Neuland" bezeichnet, verläuft die Entwicklung tatsächlich mit Pioniergeschwindigkeit – also mit einer zu hohen Schlagzahl, um sehr viel mehr als die allernötigsten Grundlagen zu sortieren und zu standardisieren. Daher fand sich bisher in der Softwareentwicklung schlicht nicht die Zeit für einen universellen Datenklassifikationsstandard.

4.3   Konkurrenzsituation von IT-Anbietern und Produkten

Wie bereits erwähnt erfolgt die Produktentwicklung sehr schnell; in den letzten beiden Jahrzehnten herrschte eine regelrechte Gründerzeit für Softwarefirmen. Als Folge entstanden geniale Produkte und es wurden häufige Produktwechsel bei den IT-Systemen vorgenommen, so dass weniger Wert auf die Schaffung einer konsistenten Datengrundlage gelegt werden konnte. Auch hier gab es gewisse Standardisierungsbemühungen. So gibt es zwar die Abfragesprache *SQL (Standard Query Language)* für relationale Datenbanken, jedoch haben die meisten Hersteller ihr eigenes *SQL-Derivat* mit entsprechenden integrierten Sprachelementen (zum Beispiel für *Stored Procedures*) entwickelt. Relationale Datenbanken sind sehr verbreitet und zumindest ähnlich in der Nutzung, dennoch gibt es auch hier Neuerungen wie zum Beispiel *NoSQL-Systeme.*

Ähnlich sieht es bei den Programmiersprachen aus. Der Compilerbau ist offensichtlich eine gut verstandene Disziplin bei Informatikstudenten, entsprechend gibt es immer wieder neue Sprachen und nicht die Standardsprache. Dieser in Märkten übliche Wettbewerbsdruck ist neben der enormen Kreativität eine wesentliche Triebfeder der schnellen Weiterentwicklung und wird deshalb von uns natürlich positiv gesehen. Aber er bedeutet auch, analog zum letzten Abschnitt: Es fand sich bisher unter den Softwareentwicklern schlicht nicht der Personenkreis, um einen universellen Datenklassifikationsstandard zu definieren.

4.4   IT-Projekte statt Fachprojekte

Eine Nebenwirkung der rasanten IT-Entwicklung der letzten beiden Jahrzehnte war, dass viele Vorhaben eher als IT-Projekte statt als fachliche Vorhaben angegangen wurden. „Die IT als *enabler*" – wobei man *enabler* wohl am besten mit „In-die-Lage-Versetzer" übersetzen könnte –, das war der passende Wahlspruch zu dieser starken IT-Dominanz. Dahinter verbarg sich die Überzeugung vieler Unternehmen, dass sie nur mithilfe moderner IT-Ausstattung in der Lage seien, leistungsstarke, ausbaubare und letzten Endes konkurrenzfähige Arbeitsprozesse aufzubauen.

Ohne diese Aussage infrage zu stellen, beobachten wir, dass sich unterschwellig eine Art Wettrennen um den Einsatz neuester Technologien entspann. Im Vordergrund bei IT-Architekturentscheidungen der Unternehmen stand jetzt der Druck, eine bestimmte technische Neuerung einzuführen, weil die Konkurrenz bereits damit begonnen hatte oder weil diese Technologie gewisse Leistungssprünge versprach. In den Hintergrund rückte eine solide Ist-Soll-Analyse der eigenen Arbeitsprozesse und die Frage, welche Verbesserung die betroffene Technologie denn hier bieten könnte. Passend dazu ist das Zitat des US-amerikanischen Verhaltenspsychologen Dan Ariely: „Big Data is like teenage sex: everyone talks about it, nobody really knows how to do it, everyone thinks everyone else is doing it, so everyone claims they are doing it." – „Big Data ist wie Sex unter Teenagern: Jeder spricht darüber, niemand weiß wirklich wie es geht, jeder denkt alle anderen tun es bereits, also behauptet jeder, es auch zu tun" (Ariely 2013).

Aber führt diese Entwicklung denn zu den gewünschten Zielen? Seit einigen Jahren diskutiert man über das „Produktivitätsparadoxon der Informationstechnologie". Dieses wird auch das Solow'sche Paradoxon genannt; es geht zurück auf den amerikanischen Wirtschaftswissenschaftler und Nobelpreisträger Robert Solow. Er beschrieb dieses Paradoxon im Jahr 1987 in einem Review des Buches *The Myth of the Post-Industrial Economy* der Autoren Stephen Cohen und John Zysman (Solow 1987). Die – allerdings nicht hinreichend bewiesene – Grundaussage dieses Paradoxons ist, dass in manchen Wirtschaftsbereichen die hohen Investitionen in die Informationstechnologie eben nicht zu einer Steigerung der Produktivität und Rentabilität führten.

Diese Aussage bestätigt also den Verdacht, dass oftmals IT-Investitionen getätigt werden, um die neueste Technik zum Einsatz zu bringen, und weniger darauf geachtet wird, dass sich IT- und Geschäftsprozesse optimal ergänzen. Auch hier sollte der richtige Mittelweg, der in der Nutzbarmachung des technischen Fortschritts verbunden mit der Orientierung auf den real erzielbaren Nutzen liegt, gesucht und beschritten werden.

Genau hier setzt ein Projekt zur Datenklassifizierung auf. Bei dem oben beschriebenen Innovationsstreben bedeutete eine durchgängige Datenklassifikation keinen sichtbaren technischen Fortschritt und stand daher bisher meist nicht im Fokus. Aber genau damit könnte, wie zum Beispiel in Abschn. 3.5 beschrieben, die richtige Ergänzung zu einem technischen Ausbau geschaffen werden, um die Möglichkeiten neuer Technologien zweckgebunden ausschöpfen zu können.

4.5 Mentalität des Individualismus

Vereinfachend könnte man sagen: „Kluge Köpfe sind eine Bremse für Standardisierung." In der Tat sind sehr kreative und schaffensstarke Persönlichkeiten tendenziell schwerer für ein Thema zu begeistern, das in Spezialfragen eine Verringerung der individuellen Möglichkeiten mit sich bringt, denn Ordnunghalten bedeutet immer auch ein Stück Aufwand. Zum Beispiel wollen manche Softwareentwickler gerne Standards setzen oder einen wiederverwendbaren Code schreiben, aber weniger gerne fremde Entwicklungen benutzen. Auch in anderen Wissensgebieten gilt, sofern der Wettbewerbsdruck es zulässt: Individualprodukte bieten eine stärkere persönliche Identifikation für den Entwickler, der Involvementfaktor und die Chance, sich teilweise auch als Künstler oder Schaffender zu verstehen, sind höher.

Tatsächlich können individuelle Lösungen gegenüber einer manchmal als aufwendig eingestuften Einordnung in eine einheitliche Datenwelt immer ein wenig besser und schneller gebaut werden. Andererseits wird oft übersehen, dass bei der Erstellung einer Individuallösung eine Menge Kraft aufgewandt werden muss, um das zu errichten, was der Standard schon bietet. Ähnlich wie bei den oben genannten positiven Aspekten des Wettbewerbsdrucks gilt auch hier, dass diese auf Individualität ausgerichtete Leistungsbereitschaft der Softwareentwickler einen hohen Wert darstellt und viele Innovationen erst ermöglicht hat. Dennoch lässt sich feststellen: Es gibt einen Reflex, potenzielle Standards möglichst lange nicht zu nutzen. Die Abneigung lässt gewöhnlich erst dann nach, wenn sich ein De-facto-Standard bereits deutlich etabliert hat.

Ist der Widerstand erst überwunden, werden die Möglichkeiten, die der neue Standard bietet, meist recht schnell zu schätzen gelernt. Zu guter Letzt stellt sich der Standard meist als sinnvolle Erweiterung des eigenen Werkzeugkastens heraus. So auch der in diesem Buch propagierte SDMX-Standard, den wir in Abschn. 1.5 bereits kurz erläutert haben und den wir im zweiten Teil des Buches ausführlich erläutern werden. Er bietet nur einen Rahmen für das Datenmanagement und lässt unendlichen Spielraum für die Erstellung von Produkten für den Endbenutzer, die eindeutig die Handschrift der Entwickler erkennen lassen.

4.6 Silodenken vor fachübergreifendem Denken

Ein weiteres Hindernis, das der Einrichtung standardisierter Datensammlungen im Wege steht, sind die Abwehrmechanismen der etablierten Vorgängersysteme – der bereits erwähnten Datensilos.

In nahezu jedem Unternehmen wird bei den Bemühungen zur Datenintegration das Silodenken angeprangert und als Bremse für den schnellen themenübergreifenden Wissensaufbau eingestuft. Ganz so schlimm sehen wir es nicht. Datensilos sowie ihre zugehörigen Prozesse und Produkte bieten immerhin den Charme, dass sie in sich funktionieren. Darüber hinaus verfügen ihre Ersteller und Betreiber über eine sehr hohe fachliche und technische Kompetenz und geben damit die Sicherheit, dass das Silo auch morgen noch funktionieren wird. Diese Alleinstellung bringt natürlich einen Expertenstatus, eine Seniorität mit sich. Deshalb löst die Forderung nach Überwindung der Silostrukturen auch Sorgen um den Verlust dieser Alleinstellung und der Seniorität aus. Ebenso werden eine (teilweise) unerwünschte Transparenz und der Verlust der Deutungshoheit über die eigenen Daten befürchtet. In diesem Kontext kommt ganz stark die Psychologie der Macht in all ihren Facetten und Auswirkungen zum Tragen, denn „wer die Daten hat, hat die Macht".

Und die Verfechter der Silos stehen nicht ohne Argumente da: Die Erstellung eines großen, leistungsstarken, stabilen Produkts ist eine enorme Leistung, die oft auch eine längere Zeit in Anspruch nimmt. Zerstört ist es dagegen recht schnell. Deshalb gibt es auch die berechtigte Sorge, ob ein übergreifendes Produkt die Funktionsfähigkeit der etablierten Silolösung überhaupt erreicht. Immerhin gibt es den globalen Konsens: „Wir müssen das Silodenken überwinden und zu übergreifenden Lösungen finden. Für mein Silo geht das allerdings nicht, weil …" – Die Zahl der dabei angebrachten Begründungen ist groß.

Die Lösung dieses Konflikts sehen wir weniger in einem Entweder-oder-Prinzip, sondern in einer Koexistenz. Funktionen und Prozesse der Silos (operative Verfahren) werden benötigt. Eine Übergabe der wichtigen übergreifenden und qualitätsgesicherten Daten und Ergebnisse in Form von *clean copies* an eine universell-standardisierte Datensenke ist für den Wissensaufbau und die Analyse meist ausreichend.

4.7 Datenschutz

Eines der zentralen Ziele für Datenstandardisierung und -ordnung ist natürlich die Verknüpfung unterschiedlicher Datenquellen, die Integration verschiedener Datenbestände in ein zentrales Modell. Und hier zeigt sich eine weitere Herausforderung: der Datenschutz.

Natürlich besteht die grundlegende Frage, welche Daten überhaupt in eine einheitliche Datenwelt eingebracht werden dürfen, wer die Daten lesen, wer sie interpretieren und mit anderen Daten verknüpfen darf und wer es aufgrund seiner fachlichen Kompetenz sinnvoll tun kann. Daten sind aus sehr unterschiedlichen Gründen vertraulich: Sie enthalten personenbezogene Informationen, sie enthalten markt- und compliancerelevante Informationen, sie enthalten Geschäftsgeheimnisse, sie enthalten nicht gesicherte Erkenntnisse, Unausgereiftes und manchmal auch Unangenehmes. Es gibt also viele Gründe, die dagegen sprechen, anderen einen Einblick zu gewähren.

Deshalb ist die Vertraulichkeit ein äußerst wichtiger Aspekt für die „Wissensdisziplin" Statistik, sie ist eine *Conditio sine qua non*, ein unerlässliches Grundprinzip. Qualitativ hochwertige Datensammlungen sind nur bei gegebenem Vertrauen der Datengeber möglich. Jeder, der etwas zu einer Statistik beiträgt, muss sich sicher sein können, dass die von ihm gegebene Information nicht gegen ihn verwendet wird. Deshalb gibt es national und international eine Vielzahl von gesetzlichen Regelungen, die natürlich in jeder amtlichen Statistik Berücksichtigung finden und die auch beim Aufbau verknüpfter Datenwelten beachtet werden müssen. Insbesondere gilt dies für den Schutz von personenbezogenen Daten. Hier ist eine Weiterverarbeitung letztlich nur über eine wirksame Anonymisierung möglich.

Die Sensibilität für den Datenschutz ist insbesondere in Deutschland sehr hoch. Aktuelle Befragungen haben ergeben, dass der Schutzbedarf von den Bürgern am höchsten eingestuft wird für die persönlichen Finanz- und Gesundheitsdaten sowie für die Identifikatoren (zum Beispiel Steuernummern, Fingerabdrücke, Wohn- bzw. Aufenthaltsorte). Und hier zeigt sich auch die eigentliche Krux. Wir wünschen uns sicher alle am sehnlichsten Fortschritte beim Wissensaufbau in den Belangen Sicherheit, Gesundheit und Finanzen. Aber gerade dort sind wir alle auch am empfindlichsten bezüglich der Einbringung persönlicher Informationen gegenüber öffentlichen Stellen. Dagegen sind wir bei der Preisgabe persönlicher Informationen in den *Social Media* recht freizügig, wenn es um Lebensläufe, persönliche Interessen und sogar um Fotos geht. Und wie schön ist es doch, wenn wir Suchmaschinen gestatten, unseren persönlichen Aufenthaltsort zu verwenden, um uns die zu diesem Ort passenden geeigneten Tipps (zum Beispiel Tankstellen, Shops) zu geben …

Gesetzliche Regelungen stellen einen kulturellen Konsens über eine Fragestellung dar, so ist es auch beim Datenschutz. Deshalb sind bei der Datenintegration diese Regelungen zu beachten, die Vertraulichkeit muss zum Beispiel über wirksame Anonymisierungstechniken und Zugriffsregelungen sichergestellt werden. Aber die Gesetze verbieten nicht den Aufbau eines umfassenden Ordnungssystems als Grundlage für die Datenverknüpfung und für den damit verbundenen Wissensaufbau.

4.8 Fehlende unmittelbare Anreize für Datenanbieter

Viele für den Aufbau einer hochwertigen Datenwelt wichtige Daten liegen in der Verantwortlichkeit (halb-)öffentlicher Stellen. Diese veröffentlichen ihre Datensammlungen eher unvollständig in speziellen Downloads innerhalb ihrer Präsentationen auf Webseiten und weniger als für IT-Verfahren direkt nutzbare Daten. Sie profitieren selbst wenig von einer gegenseitigen Abstimmung der Daten und Metadaten. Beispiele sind: Wetterdienste, Gesundheitsämter, Katasterämter, Steuerbehörden, Arbeitsagentur, Landratsämter, Statistikentitäten. Denn weder gibt es für institutsübergreifende Untersuchungen ein Mandat noch eine Finanzierung. Eine Ausnahme von dieser Regel stellt die Bereitstellung von Daten für Forschungszwecke dar, die häufig über – von öffentlichen Geldern finanzierte – Forschungsdatenzentren erfolgt.

Abgesehen von diesen Spezialförderungen bietet die Verknüpfung und Integration halböffentlicher Daten im Augenblick scheinbar keine Gewinnperspektive. Das eigentliche Problem scheint zu sein, dass Daten zwar das Erdöl des 21. Jahrhunderts sind (Sondergaard 2011), aber niemand für die Förderung und die Raffinerie bezahlen möchte. Könnte es aber am Ende sein, dass sich hier eine hochrentable Investitionsmöglichkeit versteckt hält?

Ein Gegenmodell zur öffentlichen Welt sind Modelle, bei denen die Nutzer freiwillig ihre Daten angeben, entweder als Teil von Geschäftsbedingungen oder weil sie so begeistert von der Gegenleistung sind. Also Nutzer, die Daten selbst produzieren. Beispiele sind Social-Media-Plattformen wie Facebook oder Twitter, Onlinekaufbörsen wie Amazon, aber auch Sammelpunkte und Rabattkarten. Der Datenbereich, auf den sich diese Modelle beziehen, ist natürlich begrenzt, es handelt sich also wieder einmal um Silos.

4.9 Ungenügende informationstechnische Standards für Daten

Daten an sich, in ihrer abstrakten Form, stellen im Gegensatz zu Musikdateien, Videos oder Apps kein konkretes Produkt für den Endverbraucher dar. Sie bieten nur die nackte Information, sie sind ein Baustein für ein höherwertiges Produkt wie Kartografiedaten für die heute unverzichtbaren Navigationssysteme. Da es für sie keinen unmittelbaren und universellen Verwendungszweck gibt, setzt sich der Standardisierungsgedanke nicht so leicht durch. Es wird dagegen akzeptiert, dass es proprietäre Expertensysteme gibt, welche die Visualisierung der Daten erst ermöglichen. Nur so erklärt es sich, dass bisherige datenbezogene Standards leider entweder branchenspezifische Silolösungen waren oder sich auf ein formales Rahmenwerk beschränkten.

Natürlich haben einzelne Industriezweige proprietäre Standards für ihre Daten frühzeitig festgelegt. Zum Beispiel wurden in der Automobilbranche schon sehr früh EDIFACT-Datenformate vorgeschrieben. *EDIFACT (Electronic Data Interchange for Administration, Commerce and Transport)* folgte dem Ansatz von Datenauszeichnungen und selbsterklärenden Datenströmen und war somit ein Vorläufer von XML, der aber mit der XML-Verbreitung über das Internet an Bedeutung verlor. Solche branchenspezifischen Standards stellen ein wunderbares Beispiel für nicht zueinander passende Silos dar.

Branchenübergreifend gab es mit der Etablierung von *XML (eXtended Markup Language)* den ersten Schritt in die von uns für richtig gehaltene Richtung. Daten erhalten über ein XML-Schema eine Struktur, sie werden durch eine entsprechende Auszeichnung mit den XML-Tags verständlich, fast selbsterklärend, oder wie man sagt: maschinenlesbar. Manche sagen sogar: *readable for human beings*. Zumindest beherrschen viele Softwareprodukte wie die gängigen Browser dieses Format und können die Daten visualisieren.

Damit war ein wichtiger wesentlicher Schritt zur Ordnung der Datenwelt geschaffen: Mit XML war es zum ersten Mal möglich, einen sich selbst beschreibenden Datenstrom zu versenden, dessen Empfänger zur simplen Entgegennahme und Darstellung a priori noch nichts über diesen wissen muss. Irrtümlicherweise nahmen einige Optimisten daher an, XML sei schon das Ordnungssystem in der Datenwelt. Leider ist dem nicht so.

Für die Datenarbeit gibt es wesentlich umfangreichere Anforderungen als nur die Visualisierung. Daten sollen aus automatisierten Prozessen heraus erzeugt und weiterverarbeitet werden, sie sollen nach unterschiedlichen Kriterien ausgewertet, aggregiert, berechnet und themenübergreifend miteinander verknüpft werden. Diese Anforderungen und das zu Beginn beschriebene Datenwachstum zeigen, dass für Daten umfassende Standards im Sinne einer Industrialisierung der Informationsverarbeitung dringend benötigt werden, damit die Daten wie Bausteine zueinander passen.

Um das zu ermöglichen, muss ein Standard aber auch die semantischen Aspekte des Datensatzes umfassen. Er muss den Schritt von der rein formalen Beschreibung des Dateninhalts zur klassifizierenden Beschreibung vollziehen. Dazu gehört etwa das Trennen von Fakten und beschreibenden Dimensionen. Genau dies leistet der Statistikstandard SDMX, wie in Abschn. 1.5 an einem Beispiel beschrieben wurde.

XML liefert also mit seinem formalen Rahmen für ein solches Ordnungssystem eine wichtige Voraussetzung, kann aber lediglich als Trägersystem für eine noch in dieser Sprache zu formulierende Ordnung funktionieren. Genau dies ist das Prinzip des auf XML aufbauenden Standards SDMX, wie wir im zweiten Teil dieses Buchs noch genauer erklären werden.

Literatur

Ariely D (2013) Facebook Post am 01.01.2013
Solow, R. (1987). We'd better watch out. New York Times Book Review, 12.07.1987, S. 36
Sondergaard P (2011) Gartner Symposium/ITxpo 2011, October 16–20, in Orlando

Grundsätzliche Einschätzung der Standardisierung

5

Nach dieser langen Liste von Hindernissen, Abwägungsgründen und Interessenskonflikten wird es nun endlich Zeit, eine Lanze für die Standardisierung zu brechen. Unserer Ansicht nach liegt in der Standardisierung *das* Potenzial für die übergreifende, zielgerichtete Datennutzung sowohl innerhalb von Unternehmen als auch darüber hinaus. Aber zunächst ein paar grundlegende Gedanken.

5.1 Standards fallen nicht vom Himmel

Zu Standardisierung gibt es zwei stets geltende Sätze:

1. Es ist immer zu spät dafür.
2. Es ist nie zu spät dafür.

Die erste Aussage ist richtig, da ein Standard fast nie in einen bisher leeren Bereich fällt, sondern es stets irgendetwas gibt, das er ersetzt. In den meisten Fällen ist das ein mehr oder minder dichter Dschungel an proprietären Lösungen. Im Vergleich zu diesen stellt der einzuführende Standard nur ein weiteres Format dar, das bedacht werden muss, und die Migration auf diesen Standard bedeutet einen zusätzlichen Aufwand. Genauso richtig ist allerdings die zweite Aussage, denn jeder erfolgreiche Standard fand sich irgendwann in dieser Situation des mehr oder minder unerwünschten Neuankömmlings und zeigte seine Schlagkraft erst, nachdem die Anfangsinvestitionen geleistet waren.

In der modernen westlichen Gesellschaft werden die persönlichen Unterschiede betont, Individualität wird besonders geschätzt. Daher mag auch unsere reflexhafte Abneigung rühren, unsere persönliche Umgebung – und dazu gehört die Arbeitsweise – zu standardisieren. Niemand von uns gibt gerne die persönliche Note zugunsten eines *one fits all* auf, insbesondere wenn es um die eigenen Schöpfungen geht. Ein Standard wird im Allgemeinen erst dann akzeptiert, wenn sein Nutzen klar erwiesen ist. Das ist nicht immer ganz einfach – aber es lohnt sich.

5.2 Standards sind nirgends optimal, wohl aber das Optimum

Der Begriff Standardlösung wird unterschiedlich interpretiert. Teilweise wird damit eine 08/15-Lösung assoziiert, die ähnlich zu einem spartanisch ausgestatteten Auto zwar funktioniert, aber jeglichen Komfort und auch Genussaspekte vermissen lässt. Teilweise ist der Begriff aber ausdrücklich positiv bewertet, denn der Standard stellt sicher, dass jeder damit arbeiten kann, dass er überall passt, dass er keinen wichtigen Aspekt vermissen lässt. Wohl nicht ganz überraschend schließen wir uns der letztgenannten Bewertung an. Und damit kommen wir zur nächsten grundsätzlichen Aussage über Standards:

Die Stärke eines Standards resultiert nicht aus seiner Genialität, sondern aus der Tatsache, dass er von allen verstanden und aufgegriffen wird.

Denn für die meisten einzelnen Anwendungsfälle ist ein Standard die suboptimale Lösung. Für fast jeden Anwendungsfall wird sich bei genauer Betrachtung eine bessere individuelle Lösung finden. In der Gesamtheit aber wird die Summe der Individuallösungen gegen eine gemeinsame Nutzung eines Standards verlieren. Niemand möchte auf die übergreifenden Office-Formate wie Word und Excel verzichten. Man stelle sich nur kurz eine Welt ohne die universelle Papiergröße DIN A4 vor – Drucker, Kopierer, Briefumschläge, Hefter, Aktenordner, Bücherregale usw.

5.3 Standards setzen sich dann durch, wenn sie nutzbar sind

Es gibt also im Einzelfall fast immer etwas Besseres als die Standardlösung, aber trotzdem setzt sich der Standard durch. Im Allgemeinen gelingt es einer Lösung, sich als Standard zu etablieren, wenn sie bereits einen signifikant hohen „Marktanteil" an Nutzern auf ihre Seite gebracht hat, so dass diejenigen, die den Standard nicht nutzen, Nachteile empfinden. Wann dies am besten gelingt, beschreibt die folgende Regel.

Ein Standard setzt sich dann am besten durch, wenn er hinreichend einfach ist und damit eine hohe Schnelligkeit bei der Umsetzung und Verbreitung ermöglicht.

Eine Messenger-Software wie zum Beispiel *WhatsApp* ist ein denkbar einfaches Stück Software, schaffte aber in sensationeller Geschwindigkeit den Weg zum De-facto-Standard. Fast jeder nutzt *USB-Sticks*, spielt *mp3-Dateien* ab, zeigt *jpeg-Dateien* auf verschiedensten Devices und verbindet Geräte über *WLAN* oder *Bluetooth*.

Viele weitere Beispiele hierzu liefert natürlich die Informationstechnologie: Bei den sogenannten Auszeichnungssprachen (*Markup Languages*), die neben Textinhalten auch Formatanweisungen transportieren können, gab es den umfassenden *SGML-Ansatz* (*Standard Generalized Markup Language*), durchgesetzt hat sich aber die wesentlich einfachere, dafür aber auch weniger mächtige Spielart *HTML* (*Hypertext Markup Language*). Diese wurde damit zum globalen Standard für die Gestaltung von Internet-Websites, trotz der anfänglichen Verzweiflung bei Webentwicklern über die sehr vertrackte Mischung von *HTML-* und anderen Sprachbestandteilen bei der Seitengestaltung.

Wenn ein Produkt die Schnittstelle zum Endbenutzer darstellt, dann bedeutet seine Etablierung als Standard für diese Produktlinie fast einen Imperativ zur Nutzung und ein Verbot für die Nutzung alternativer Produkte. Die Nutzung von E-Mails, Message-Services und Chats wird nahezu verbindlich, die Aufforderung, eine Worddatei zu schicken, bedeutet eben auch implizit, keine alternativen Textformate (wie zum Beispiel *LaTex*) zu schicken. Hat sich ein Standard einmal etabliert oder wurde er sogar von offiziellen Stellen beschlossen, so ist er fast nicht mehr aufzuhalten. In diesem Sinne kommt einem Standard, gerade auch einem De-facto-Standard, eine gewisse Macht zu.

5.4 Standards fördern dezentrales Arbeiten

Die Einführung von Standards steht häufig unter dem Verdacht, Zentralisierungstendenzen voranzubringen. Dieser Befürchtung möchten wir eine Behauptung entgegenstellen. Nur durch Standards wird eine dezentrale Arbeitsweise erst möglich.

Die Definition einer einheitlichen USB-Schnittstelle ermöglicht es erst, dass eine beliebige Zahl von Computerherstellern PCs mit einem USB-Slot ausstatten, für den wiederum eine Vielzahl von USB-Herstellern USB-Sticks herstellen. Die Alternativen zu Standards, proprietäre Formate und bilaterale Absprachen, führen zu einem extrem ineffizienten Gesamtgebilde. Häufig setzen sich in diesem Gebilde dann ein oder wenige dominante Akteure durch und führen – qua Marktanteil – einen erzwungenen „Quasistandard" herbei. Ein typisches Beispiel hierfür waren lange Zeit die Microsoft-Office-Dateiformate, die nun aber als XML-Formate offengelegt sind.

5.5 Standards zur Verwirklichung völlig neuer Ansätze – aktuelles Beispiel: Blockchain

Neben der Big Data Begeisterung entsteht um die Blockchaintechnologie ein weiterer Hype, dem viele ein noch größeres Potenzial zur Veränderung des Wirtschaftslebens zutrauen, deshalb wird von der Blockchainrevolution gesprochen.

Die Hoffnungen oder Befürchtungen bezüglich dieses Potenzials beruhen auf der Blockchainidee zur Digitalisierung und direkten elektronischen Abwicklung beliebiger Geschäftsprozesse. Die Transaktionen werden als bilaterale Kontrakte (Peer-to-Peer-Ansatz) zwischen einem Anbieter und einem Abnehmer eines Wirtschaftsguts ohne Einbeziehung von Zwischenstellen (Intermediären) ausgestaltet. Damit können schnelle Abwicklungen, große Kostenvorteile und eine höhere Anonymität erzielt werden.

Die Blockchain-Community ist eine junge, rasant wachsende und teilweise anarchisch denkende Gemeinschaft aus hoch unterschiedlichen Individuen und Interessensgruppen (näheres in unserem u. a. Exkurs zur Blockchainrevolution). Aber diese Community hat früh erkannt, dass für den Ausbau der Technologie die Verfügbarkeit von weitreichenden Daten- und Prozessstandards eine entscheidende Bedeutung hat. Standards ermöglichen, dass überall auf der Welt an unterschiedlichen Aspekten der Technologie hochproduktiv gearbeitet wird, dass Komponenten aus unterschiedlichster Herkunft und mit unterschiedlichstem Innenleben letztendlich auch zusammenpassen, und dass die Weiterentwicklung der Blockchainidee ihre rasante Schlagzahl beibehält.

So existiert seit dem Jahr 2016 das ISO Technical Committee „ISO/TC 307 Blockchain and electronic distributed ledger technologies", dessen Aufgaben- und Gültigkeitsbereich von der ISO als „Standardisation of blockchains and distributed ledger technologies to support interoperability and data interchange among users, applications and systems" beschrieben wird.

Dies ist eine nachhaltige Bestätigung des in diesem Buch vertretenen Gedankenguts der Standardisierung.

Die Blockchainrevolution
Ein Teil des aktuellen Schwungs der Blockchainbewegung ist dem Umstand geschuldet, dass neben den eigentlichen Ideengebern und Antreibern viele Wirtschaftsbereiche sich hier intensiv beteiligen und regelrecht forschen – durchaus mit unterschiedlichen Interessen: Einerseits hofft man bei eigenen Geschäften, einen Intermediär ausschalten zu können, z. B. Banken die Clearinghäuser für Wertpapiergeschäfte. Andererseits gibt es die Befürchtung, selbst der ausgeschaltete Intermediär zu sein. Hier befürchten sicher Banken, z. B. durch die Einführung der direkt Peer-to-Peer einsetzbaren Kryptowährung BitCoin, selbst in vielen Geschäftsabwicklungen obsolet zu werden.

Auch wenn die Blockchaintechnologie oft als „einfach" bezeichnet wird, so steckt dahinter doch ein massiver Technikeinsatz: Die Basis bildet das Konzept der verteilten Datenbanken, die über großes Netzwerk von Servern weltweit aufgespannt werden und die Geschäfts- und Transaktionsdaten enthalten und diese ständig synchronisieren.

Darüber kommt mit der Distributed Ledger Technologie (DLT) ein Baukastensystem für die Konstruktion einer Blockchain zum Einsatz. Hier wird u. a. beschrieben, wie ein Konsensalgorithmus aufgebaut werden muss, mit dessen Hilfe die Transaktion auf Validität geprüft werden kann. Äußerst vereinfacht dargestellt ist ein solchen Algorithmus von der Form: „Hat der Anbieter die Ware, hat der Abnehmer das Geld bzw. die BitCoins, gibt es anderweite Ansprüche Dritter." Wenn der Konsensalgorithmus an genügend vielen Servern zu einem positiven Ergebnis kommt, dann gilt die Transaktion als valide. Sie wird dann von einem „Miner" unter massivem Einsatz kryptografischer Verfahren zu einem gültigen Kontrakt geformt und als nicht mehr veränderbarer Block in die Kette der gültigen

5.5 Standards zur Verwirklichung völlig neuer Ansätze – aktuelles Beispiel: Blockchain

Transaktionen (= Blockchain) eingereiht. Der beim BitCoin-Verfahren mit einem Zufallsverfahren ausgewählte Miner wird für diesen Dienst mit BitCois entlohnt, er schürft also BitCoins.

Ebenso wird in der DLT beschrieben, wie sogenannte Smart Contracts zur vertraglichen Ausgestaltung der Transaktion konstruiert werden. Diese Smart Contracts sind weder *smart*, denn sie werden als harter JavaScript-Quellcode beschrieben, noch bezweifeln viele, dass sie juristisch unanfechtbare Kontrakte sind. In diesen Smart Contracts können Details der Abwicklung beschrieben werden, z. B. „beim Eintreffen der Ware im Hafen wird ein Teilbetrag der Gesamtzahlung fällig".

Das Gesamtgebilde ist hochkomplex, von außen kaum einsehbar oder gar nachvollziehbar und damit auch ein Stück „anrüchig". Aber es funktioniert.

Ausgehend von diesem Blockchaingedanken kann man unendlich viele Fantasien für die nähere und fernere Zukunft spinnen. Letztlich kann jedes Dokument, also auch Besitzurkunden für Automobile oder Immobilien, und jede Logik zur Durchführung des Besitzwechsel eines Gutes (Auto, Grundstück) digitalisiert werden. Damit kann die Transaktion in einer Blockchain abgebildet und das Geschäftsleben revolutioniert werden.

Das könnte viele Intermediäre betreffen und besorgt werden lassen. Aber es dürfte für manchen Bürger beunruhigend sein, dass die für seine Lebensorganisation wichtigen Dinge (wie Besitzurkunden, Geld, Wertpapiere, Immobilien, Fahrzeuge, Wertgegenstände) und die zugehörigen Geschäftstransaktionen in einer hochverschlüsselten und kaum zugänglichen Form in einem Binärdatenklumpen in einer Blockchain liegen. So weit ist es noch lange nicht, aber es gilt die alte Regel: „Was technisch machbar ist, wird auch gemacht." Deshalb müssen staatliche Stellen diese Bewegung ernst nehmen und dort, wo es erforderlich ist, eine Regulierung vorsehen. Das ist nicht so einfach, denn der Blockchainbewegung wohnt ein anarchischer Gedanke inne, der da lautet: Abwicklungen zu ermöglichen ohne eine Kontrolle oder Regulierung durch Zwischenstellen – die konsequente Verwirklichung des freien Marktes.

Die Entwicklung bleibt hochspannend.

6 Forschung und Standardisierung

6.1 Begrenztes Interesse an Standardisierung

Bei der Forschung in diversen Wissenschaftsdisziplinen ist verstärkt eine Datenorientierung zu beobachten. Deshalb stellt sich die Frage, ob evtl. die Forschung Impulse zur Standardisierung der Datenwelten liefern wird. Hier sollten die Erwartungen nicht zu hoch sein. Forscher sind in der Regel an einem sehr engen *piece of information* interessiert und wünschen sich für ihre Arbeit häufig „mundgerecht aufbereitete Datensätze" mit folgenden Eigenschaften:

- gut dokumentiert und qualitätsgeprüft,
- gute Vorselektion, Filterung, ggf. gezielte Aggregation,
- gut aufbereitet für die gängigen Tools (zum Beispiel „Flat File"),
- kennzeichnend: hohe Volatilität der Anforderungen.

Deshalb besteht bei Forschern weniger Interesse am Produktions- und Aufbereitungsprozess für die Daten. Meist wird sich der gewünschte der Datensatz nicht allein durch einen prozessgesteuerten Auszug aus einer sauber strukturierten Datenwelt erzeugen lassen, oft sind individuelle, teilweise manuelle Aufbereitungen – etwa von studentischen Hilfskräften – erforderlich.

6.2 Einfluss des Datenmaterials auf die Forschung

Tatsächlich lassen sich durch den Einsatz deskriptiver Methoden der Statistik auf gut aufbereiteten Datensätzen eine Reihe von Analyseergebnissen ableiten. Die Aussage: „Auf diesen Datensätzen lässt sich gut forschen" nährt aber auch Zweifel: Wird dort gebohrt, wo Ölvorkommen, das heißt wertvolle Erkenntnisgewinne, erwartet werden, oder wird dort gebohrt, wo es sich gut bohren lässt?

Dies ist nicht überraschend, wenn man die Natur der Forschungsbranche bedenkt: In der wissenschaftlichen Welt stellt jeder Forscher eine Art Ich-AG dar, die natürlich an die eigene Vermarktung denken muss, an die nächste Publikation. Eine Nutzbarkeit der Ergebnisse für eine andere Institution ergibt sich vielleicht später. Dies ist anerkannte Praxis und stellt letztendlich die Freiheit und Unvoreingenommenheit wissenschaftlicher Arbeit sicher. Jedoch in einer immer mehr datengetriebenen Zeit und angesichts des für die Forscher zunehmenden Zeitdrucks wird dies auch zu einem gefährlichen Steuerungsmittel für die Forschungstätigkeit: Durch die Verfügbarmachung potenzialstarker Datensätze – also Datensätzen, aus denen man sich einen hohen Erkenntnisgewinn verspricht – ist es möglich, die Richtung der Forschungstätigkeit und damit, wenn auch auf eine sehr indirekte Weise, sogar die Forschungsergebnisse zu beeinflussen.

6.3 Rolle der Forschungsdatenzentren (FDZ)

Technische Hilfsmittel können einen hohen Automatisierungsgrad sowohl für die Datenintegration als auch für das Reporting ermöglichen. Von diesem Hilfsmittel wird im Bereich Unternehmensreporting bzw. *BI* inzwischen reichlich Gebrauch gemacht.

Jedoch bleibt, selbst bei grenzenloser Bereitschaft, Ressourcen einzusetzen, letztlich festzustellen: Es existiert eine Lücke zwischen dem, was sich Analytiker oder Forscher von einem Datensatz an Dokumentation, technischer Aufbereitung und Nutzbarkeit wünschen, und dem, was selbst wohlgeordnete Datenstrukturen bieten. Warum? Nehmen wir die sehr einfach wirkende Fragestellung: „Nenne mir die Bilanzen der 300 größten Genossenschaftsbanken (gemessen an der Bilanzsumme 2012) zwischen 2000 und 2012" (vgl. Abb. 6.1 und 6.2).

Der Forscher müsste wissen, wie er erkennt, ob eine Bank zur Bankengruppe der Genossenschaftsbanken gehört, welche Bilanzposition die Bilanzsumme enthält, wie er in einem System den Filter und die Sortierung nach der Bilanzsumme 2012 implementieren und in diesem System den Datenbereich auf den gewünschten Zeitraum einschränken kann. Jede einzelne Fragestellung ist nicht so schwierig zu beantworten. Aber auch ein schönes BI-Tool, das einen Drill-Down von Bankengruppen auf Einzelinstitute, eine Größensortierung, eine Eingrenzung auf Termine, eine Ersetzung von kryptischen Codes durch sprechenden Text und eine Selektion auf Einzelpositionen einer Bilanz ermöglicht, hat eine nicht zu unterschätzende Lernkurve. Der Forscher muss also schon etwas Zeit investieren, um diese Selektionen umzusetzen. Noch schwieriger wird es für ihn, wenn er eigene Algorithmen für den Datensatz in der zum Tool gehörigen Script- oder Programmiersprache implementieren will. Spätestens dann wird er aufgeben und die Forderung stellen, dass ihm ein Datenassistent doch den selektierten Datensatz als *Flat File*, als einfache Textdatei, für ein von ihm bevorzugtes Tool zur Verfügung stellen soll.

Deshalb wurden mancherorts Forschungsdatenzentren (FDZ) gegründet, um diese Lücke durch geeignete Verknüpfung von Daten aus unterschiedlichen Quellen, durch technische

6.3 Rolle der Forschungsdatenzentren (FDZ)

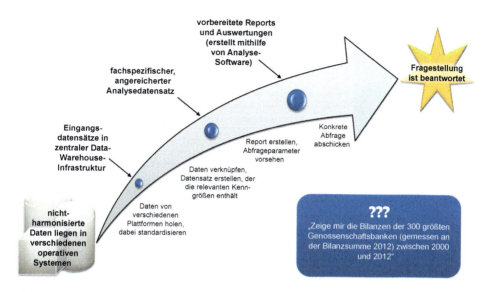

Abb. 6.1 Der lange Weg zur eigenen Auswertung – Idealvorstellung

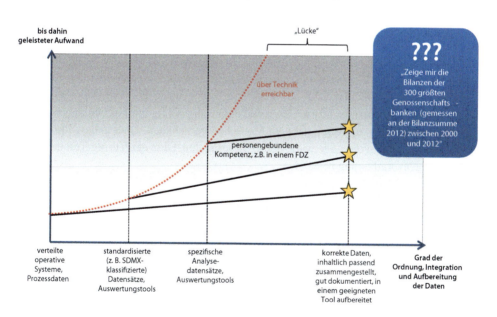

Abb. 6.2 Der lange Weg zur eigenen Auswertung – Realität im Forschungsbereich

Aufbereitung zum Beispiel in Form von Flat Files und durch eine gute Dokumentation der Dateninhalte zu schließen. Oft gehört auch die Sicherstellung der Vertraulichkeit durch geeignete, in Forschungsdatenzentren üblicherweise angewandte Methoden dazu (vgl. Abb. 6.3).

Das Personal der Forschungsdatenzentren gleicht darüber hinaus aus, was wir bereits in Abschn. 2.3 als Grenzen der Technologie beschrieben haben. Auch wenn Programme

Anonymisierung	hierbei wird der Datensatz verändert (verfälscht, eingeschränkt, …), so dass eine Zuordnung eines Einzeldatums zu einer individuellen Person gar nicht oder nur unter unverhältnismäßig hohem Aufwand möglich wäre
Fernrechnen	hier formuliert der Forscher seine Berechnungen ohne Kontakt mit dem eigentlichen Datensatz. Von diesem ist ihm nur der Aufbau bekannt. Die Berechnung wird durch einen Mitarbeiter des FDZ durchgeführt, die Ergebnisse nach einer Outputkontrolle an den Forscher weitergeleitet
abgeschottete Rechner (Safe Center)	spezielle Rechner, die keinen Außenkontakt (Schnittstellen zu mobilen Speichermedien, Internetzugang…) gestatten. Diese Rechner stehen in gesonderten Räumen, der Zutritt ist nur ohne mobile Endgeräte oder Smartphones gestattet, die Benutzung wird durch FDZ-Mitarbeiter überwacht
Outputkontrolle	sämtliche Ergebnisse der Berechnungen des Forschers werden von FDZ-Mitarbeitern daraufhin überprüft, ob sie vertrauliche Informationen oder Einzelangaben enthalten

Abb. 6.3 Beispiele für Methoden zur Sicherstellung der Vertraulichkeit in Forschungsdatenzentren (Rendtel 2011)

in der Lage sind, Datensätze nach dem Auftreten ihrer Werte zu *clustern* (zusammenhängende Bereiche zu erkennen und die Daten dort einzusortieren), potenzielle Ausreißer zu identifizieren und Kandidaten für Korrelationen zu benennen: Die Fähigkeit, den Inhalt eines Datensatzes semantisch zu erfassen und daraus die richtigen Entscheidungen für die weitere Aufbereitung zu treffen, ist dem Menschen vorbehalten. Oder anders formuliert: Eine Maschine, die in der Lage wäre, genau dieses zu tun, hätte den Turing-Test der intelligenten Datenverarbeitung bestanden.

Der Turing-Test
Dieser von dem britischen Wissenschaftler Alan Turing erdachte Test dient dazu, festzustellen, ob eine Maschine über menschenähnliche Intelligenz verfügt. Vereinfacht dargestellt besteht er aus einer Unterhaltung, die die Maschine mit einem Menschen (etwa über ein Terminal) führen muss. Ist der menschliche Gesprächspartner im Anschluss davon überzeugt, mit einem Menschen geredet zu haben, verfügt diese Maschine über menschenähnliche Intelligenz. Bisher hat noch kein Computersystem den Turing`Test bestanden.

Literatur

Rendtel U (2011) Fernrechnen, die neue Dimension des Datenzugangs? FU, Berlin

7 Standards erfolgreich einführen

Jede Datennutzergemeinde, die auf gemeinsamen, jedoch dezentral erhobenen bzw. gehaltenen Datenbeständen arbeitet, hat bezüglich der Datennutzung ein ähnliches Ziel: eine unternehmensweite oder (teilweise) öffentliche Datenwelt, die durchgehend auf einem produkt- und plattformunabhängigen Ordnungssystem (Klassifikation, Datenmodell, Repository …) beruht und damit die ideale Basis für die Informationsgewinnung durch intelligente Datenverknüpfung darstellt.

Notwendige Voraussetzungen dafür sind ein globales Datenverzeichnis (*data inventory*), ein globales Datenglossar (*data dictionary*) und – neben einer standardisierten Datenarchitektur – eine globale Koordination. Im Folgenden versuchen wir einen Aufriss der Vorgehensweise zu geben, mit der eine *data community* diese Voraussetzungen schaffen und anschließend die eigene Datenwelt zur optimalen Nutzung bringen kann.

7.1 Die richtige Reihenfolge – der inhaltliche Einstieg

Jede Beschäftigung mit einem Datenbestand sollte dessen intellektuelle Erschließung zum Anfang haben. Darunter verstehen wir den gedanklichen Aufwand zu verstehen, die zentralen Bestandteile des Datenbestandes zu erkennen, ihn also semantisch zu ordnen. Dazu muss man die eigentliche Information von den sie identifizierenden oder näher beschreibenden Merkmalen trennen. Diese zunächst rein abstrakte Ordnung ist der richtige Einstiegspunkt, denn erst wenn ein Themengebiet auf diese Weise verstanden und in ein übergeordnetes Ordnungssystem (Datenmodell, *data dictionary*) eingearbeitet ist, kann dessen Integration in eine umfassende Datenwelt gelingen.

Erst danach sollte die technische Realisierung (zum Beispiel Formate, Datenmodelle, Datenbanken) angegangen werden, ohne die sich der Nutzen nicht entfalten kann. Dabei führt das Ordnungssystem im optimalen Ansatz nicht zu einer Einheitslösung, vielmehr können interne und externe Entwickler sowie die Softwareindustrie auf einer verlässlichen Basis aufsetzen, um ihre Produkte für den Endbenutzer zu entwickeln. Mit fortschreitender Standardisierung entstehen dann auch mehr und mehr technische Realisierungen, so dass neue Fachgebiete bestenfalls nur eingeordnet werden müssen – die Standardisierung erzielt die angestrebte Wirkung.

In der Realität wird diese Reihenfolge oft nicht eingehalten, vielmehr springen Unternehmen zu früh in die technische Realisierung oder sie halten bei der Umsetzung nicht die richtige Schrittlänge ein. Näheres dazu in den folgenden Abschnitten.

7.2 Struktur und Ordnung schaffen

Wenn es also die Überzeugung gibt, dass es nicht ohne Ordnung geht, dann stellt sich beim inhaltlichen Einstieg die Frage: Wie kann diese Ordnung hergestellt werden?

Dazu nehmen wir zunächst eine generische Sichtweise ein: Unabhängig von den jeweiligen Fachgebieten bestehen Daten zu allen realen Phänomenen immer aus einem oder mehreren identifizierenden Merkmalen oder Schlüsselkomponenten (Fahrgestellnummer, ISIN, Bankleitzahl, Blutgruppe, ISO-Währungscode …), einer Reihe von Attributen (Ausstattungsmerkmale eines KFZ, Messgrößen einer Blutprobe, Merkmale eines Kredits …) und den eigentlichen Mess-, Beobachtungs- oder Betragsdaten (Wert der Bilanzsumme, Preis des KFZ, Cholesterinwert, Länge eines Gegenstands …). Der Begriff „Betragsdaten" soll allerdings nicht zu der einschränkenden Annahme führen, dass es sich dabei nur um numerische Daten handeln könnte.

Für diesen generischen Ansatz gilt es, die zuvor genannten identifizierenden Merkmale und Attribute in ein *data dictionary* einzuarbeiten, danach eine Datenstruktur entlang eines allgemeinen Regelwerks zu schaffen und diese im *data inventory* zu dokumentieren. Diese Struktur beschreibt die Anordnung der für das jeweilige Themengebiet zu verwendenden Identifikatoren, Attribute und Betragsdaten, sie kann in einer formalen Sprache wie zum Beispiel einem *XML-Schema* beschrieben werden (vgl. Abb. 7.1).

Auf den so beschriebenen Strukturen aufbauend kann ein späteres „Betriebssystem für die Datenarbeit" konzipiert werden, das Elemente der Navigation und Suche, der

Abb. 7.1 Schritte zur Ordnung eines Datenbestands

Datenpräsentation, der Verknüpfung, der Überführung in Analyseprodukte und der assistentengeführten Suchanfragen für den Standarddatennutzer ermöglicht.

7.3 Klassifizierungssysteme und Schlüssel nutzen

Ein zentrales Problem bei der Festlegung identifizierender Merkmale für die Definition einer Datenstruktur ist in vielen Bereichen das Fehlen eines universellen *Identifiers*. Wenn ein solcher zentraler Schlüssel fehlt, kann dies das Aus für sämtliche Bemühungen zur Datenstandardisierung bedeuten. Zum Beispiel entwickelten sich hochwertige Wertpapierstatistiken erst nach der Verständigung auf die *ISIN-Codes* (*International Security Identification Number*), und nicht umsonst gibt es Standardklassifikationen zur Benennung von Krankheiten (*ICD-10-Codes*), Unternehmensbranchen (*NACE-Codes*) und Verbrauchsgütern (*EAN-Codes*). Aber in vielen anderen Bereichen fehlen solche Identifier noch heute. Mit Hochdruck werden entsprechende Initiativen gestartet, so etwa im Bereich der Identifikation von Unternehmen und Unternehmensverflechtungen den *LEI* (*Legal Entity Identifier*) oder bei Finanztransaktionsregistern den *UTI* (*Unique Transaction Identifier*) oder *UPI* (*Unique Product Identifier*).

In dieser Situation stellt sich das Handlungsfeld der eigenen Optionen oft recht eingeschränkt dar: Man kann warten auf die Erfolge einer internationalen Initiative oder man kann den aufwendigen, pflegeintensiven Weg wählen, eine proprietäre interne ID einzuführen und zu pflegen. In beiden Fällen lebt man zunächst den vielen Unzulänglichkeiten mehr oder weniger gut gepflegter „Regionalschlüssel" (gemeint sind Schlüssel, die nur kleine Teilbereiche der Grundgesamtheit abdecken), die permanent zueinander in Bezug gesetzt werden müssen. Der leidgeprüfte Datenspezialist spricht gerne von „Mapping" und konstatiert hierzu: In den meisten Bereichen gibt es nicht zu wenige Schlüssel, sondern zu viele.

Der Königsweg ist und bleibt natürlich, einen „Globalschlüssel" einzuführen und sich für seine Verbreitung einzusetzen.

7.4 Technik richtig einsetzen

In den Frühzeiten des Rechnereinsatzes in Unternehmen, als die Rechenpower der Großrechnermaschinen mit dem Begriff *Mips* (*millions instructions per seconds*) bezeichnet wurde, gab es die Frage: „Setzen wir Grips oder Mips ein?" Heute würden wir sagen, denken wir über eine kluge Lösung eines Problems nach oder können wir es durch massiven Einsatz von Rechnerressourcen erschlagen?

Heute wird diese Frage allzu oft zugunsten der Rechenpower entschieden. Das mag unter anderem daran liegen, dass die verantwortlichen Entscheider zumeist selbst keine IT-Experten sind und dazu neigen, die Heilsversprechen der IT-Dienstleister für bare Münze zu nehmen: Prozessoren und Speicher sind vergleichsweise günstig und suggerieren, ein störendes Problem per Hard- und Software beseitigen zu können. Leider gibt es Herausforderungen, bei denen dies auch nicht durch massiven Einsatz von Zeit und Geld gelingt. Ein typisches Beispiel dafür ist der in Abschn. 3.1 beschriebene aktuelle Umgang mit dem *Big-Data-Hype*.

Nichtsdestotrotz ist der kluge Einsatz moderner Informationstechnologie ein absolut notwendiger Erfolgsfaktor für eine erfolgreiche Datenintegration. Aber er kann kein Ersatz für ein durchdachtes, alltagsstabiles Daten- und Prozessmodell sein, sondern diesem nur folgen. Die richtige Antwort auf die Frage „Grips oder Mips" muss also stets lauten: „Erst Grips. Dann Mips." Zuerst muss es ein intelligentes Konzept geben, danach die Umsetzung auf einer oder mehreren IT-Plattformen.

7.5 Die richtige Schrittlänge wählen

Häufig wurden in den letzten Jahren in vielen Unternehmen Projekte gestartet, um das unternehmensweit einheitliche Datawarehouse zu schaffen. Da es die zuvor beschriebenen Widerstände aller Art gibt, wurde ebenso häufig auf die Machtkomponente gesetzt: „Die Entscheidung muss vom Vorstand kommen, wir brauchen ein zentrales *BCC* (*BI-Competence Center*), das alles regelt."

Bei diesem Prinzip, in dem die höchste Form der Motivation der Zwang ist, ist immer Skepsis angesagt, denn gute Ideen setzen sich von sich aus durch, da ihnen eine gewisse Leichtigkeit innewohnt. Einer Idee und der von ihr ausgelösten Bewegung muss eine gewisse Zeit eingeräumt werden. Hier gilt: Evolution statt Revolution. Alle Hoffnung auf ein großes Projekt zu setzen und dabei auch noch Perfektion anzustreben, halten wir für einen Fehler. Gerade die Forderung, dass alle Daten in das zentrale Datawarehouse gehören, halten wir geradezu für Unsinn. Diese Denkrichtung entspricht der nun schon mehrfach von uns kritisierten Haltung, durch massiven Einsatz von Technik alle Probleme lösen zu können und einem damit das Nachdenken darüber zu ersparen, was man denn genau erreichen will.

Es braucht zunächst ein Konzept für die themenübergreifende Datenwelt und eine technische Lösung für die Umsetzung und danach einen am tatsächlichen Bedarf ausgerichteten Einzug verschiedener Themen in dieses Datenhaus. Dieser Gedanke muss von der obersten Leitungsebene eines Unternehmens getragen werden, da eine zentrale Koordination notwendig wird. Allerdings nicht in der in der Unternehmenspraxis häufig vorherrschenden projektorientierten Sicht, sondern in Form einer auf kontinuierliche Entwicklung setzenden strategischen Richtungsentscheidung.

Aber was spricht denn eigentlich gegen die projektorientierte Sicht? Nun, Projekte sind eine feine Sache, insbesondere, weil sie Controllern, Revisoren und Entscheidern eine gute Überprüfbarkeit ermöglichen. Aber Projekte sind auch immer gekennzeichnet durch eine zeitlich, funktional und budgetär klar umrissene Aufgabe, dies alles ist der Aufbau einer umfassenden Datenwelt aber nicht. Denn so schön der Gedanke auch ist, mit einem großen Kraftakt sowohl die Infrastruktur zu erstellen als auch die Dateninhalte in diese neue Welt zu überführen – die Vorhaben scheiterten fast alle, im günstigen Fall bereits in einer frühen Phase, im ungünstigeren Fall erst nach massiven Ausgaben und unter dem Zurücklassen verbrannter Erde.

7.6 Stakeholder richtig behandeln

Die bei Aktivitäten zum Aufbau zentraler übergreifender Datenwelten nicht selten zu beobachtenden Macht- und Grabenkämpfe zwischen den Datengebern und -nutzern basieren oft auf dem Problem, dass den Datengebern – als Besitzer des Datensilos – Aufwand zugemutet wird, dem kein direkter Nutzen *für sie selbst* gegenübersteht. Das heißt, der originäre Prozess wird nicht besser, wenn wichtige Informationen, Ergebnisse oder Daten als Nebenprodukt für analytische Zwecke bereitgestellt werden. „Cui bono!" – die Stellen, die am meisten von der Datenintegration profitieren, sind nicht die Abteilungen, die die Arbeiten durchführen müssen.

Es braucht also eine klare Analyse, wo die Einstellung einer Information in ein zentrales Datenhaus einen wirklichen Mehrwert bietet. Dann kann die erforderliche Überzeugungsarbeit zur Rechtfertigung des Aufwands geleistet werden. Die Forderung, dass jeder Datenbestand übernommen werden muss, weil sich der Nutzen dann schon irgendwie einstellt, überzeugt in der Regel nicht. Insbesondere leidet diese Argumentation dann, wenn Datennutzer ihre Anforderungen durchschaubar auch genau so formulieren: „Gebt uns erst einmal alles, dann werden wir bald wissen, warum wir es gebraucht haben."

Die erfolgversprechende Einbeziehung aller Stakeholder erfordert auch ein klares Rollenkonzept. Das Internet quillt über von Rollen- und Aufgabenzuschreibungen, die sich ergänzen, überschneiden oder gar widersprechen. Typische Begriffe sind dabei der Data Steward (verwaltet den Datensatz), Data Owner (hat die vollständige Kontrolle über den Datensatz), Data Expert (technischer Experte für den Datensatz) und Data Provider (Datensatzanbieter). Und damit ist nur die datengebende Seite abgedeckt, die datennutzende Seite dagegen noch komplett ausgelassen.

Diese Rollen müssen unternehmensspezifisch ausgestaltet werden, wobei insbesondere das Recht auf informationelle Selbstbestimmung, die Vertraulichkeit und der Datenschutz individuell zu regeln und zu steuern sind. Dieser diplomatisch hoch anspruchsvolle Prozess erfordert Fingerspitzengefühl, Überzeugungsfähigkeit und neben aller Hartnäckigkeit auch ein großes Maß an Geduld.

Statistik als Treiber erfolgreicher Datenintegration

8.1 Statistik als fachübergreifend generische Disziplin

Warum könnten die Konzepte für eine umfassende wohlgeordnete Datenwelt in der Statistikwelt entstehen, warum könnten hier die erforderlichen Standards entwickelt werden? Nun, Statistik an sich ist eine generische Disziplin, sie wird in fast allen Wissenschaften benötigt. Statistik ist deshalb eine allgemeine Disziplin zum „Aufbau von Wissen durch intelligente Auswertung von Erfahrungen". Damit gehört es in der Statistik zum Tagesgeschäft, unterschiedlichste Informationsquellen in Einklang zu bringen, also die Datenintegration zu leisten.

In vielen naturwissenschaftlichen Bereichen existieren Vermutungen oder gar Gewissheiten, die aufgrund statistischer Zusammenhänge lange vor einer naturwissenschaftlichen Erklärung bekannt waren. Nehmen wir als Beispiel die Krebsgefährdung durch das Rauchen. Das rein statistische Wissen, die signifikant höhere Wahrscheinlichkeit einer Krebserkrankung bei Rauchern, war bereits Ende der 1930er-Jahre bekannt. Erst Jahre später erfolgte der medizinische Nachweis, der biologische Zusammenhang zwischen den in Zigaretten enthaltenen Schadstoffen und der Entstehung bzw. Vermehrung von Krebszellen. Die Restunsicherheit in der Zeit, während der ein medizinischer Nachweis auf sich warten ließ, war gerade beim Tabakrauchen zu beobachten. So wurden noch 1972 in dem Film „Smoking and Health: The Need to Know" (Records 1972) eher beruhigende Botschaften ausgesendet und vor hunderttausenden Zuschauern aufgeführt. Es gibt weitere Beispiele: Auch der Klimawandel ist statistisch beobachtbar, auch wenn mancherorts politisch motiviert bezweifelt wird, ob es ihn gibt und ob die Annahmen zu den Ursachen zutreffend sind.

Insbesondere in den Bereichen, in denen der Naturwissenschaft der Beweis schwerfällt, wird häufig auf die Statistik zurückgegriffen. Auch in der Psychologie, etwa beim Wirkungsnachweis von Psychopharmaka setzt man in hohem Maße auf statistische Methoden –

stärker, als es manch unglücklicher, mathematisch wenig affiner Psychologiestudent es sich beim Beginn des Studiums vorgestellt hatte.

Statistik wird also gewissermaßen als Hilfswissenschaft zur Ermittlung oder Überprüfung fachlicher Theorien in diversen Wissenschaftszweigen gebraucht. Natürlich hat dieser Ansatz seine Grenzen, insbesondere wenn bei den zustande gekommenen Schlussfolgerungen Grundregeln der Statistik nicht angewendet werden. Beispiele für rein statistisch ermittelte Aussagen zweifelhafter Signifikanz gibt es zuhauf: Leben Vegetarier wirklich länger als Fleischessende? Oder praktizieren sie neben dem Verzicht auf Fleisch auch eine insgesamt bewusstere und damit gesündere Lebensweise? Oder: Wie aussagekräftig ist die ADAC-Pannenstatistik wirklich? Denn gelingt es einem Autohersteller, seine Käufer zu überzeugen, bei einer Panne die markeneigene Hotline anzurufen, dann schneiden seine Fahrzeuge bei der ADAC-Pannenstatistik unweigerlich besser ab.

Trotz der reichen Erfahrung mit überzogener oder gar fehlerhafter Anwendung statistischer Methoden in Nachbarwissenschaften ist die Statistik in vielen Bereichen unverzichtbar, und damit sieht sie sich auch vielen themenübergreifenden Datenschätzen gegenüber.

8.2 Konzepte der Statistik zum Aufbau einer Datenwelt

Die Statistikentitäten weltweit haben die Aufgabe, gigantische Datenmengen zu einer ebenso gigantischen Vielfalt von Themen aus allen Lebensbereichen zu sammeln und sowohl qualitätsgesichert als auch unter Wahrung der Vertraulichkeit einer vielfältigen Nutzung zuzuführen. Dabei hat die Statistik schon sehr früh begonnen, für diese Aufgabe allgemeine Begriffe und Konzepte zu entwickeln. Es wurde schnell erkannt, dass diese Aufgabe mit dem Prinzip der *Multidimensionalität* von Information und mit einer *generischen* Sicht auf Daten anzugehen ist.

Was bedeutet Mehrdimensionalität? Wie schon im Abschn. 1.5 zum Schnelleinstieg in SDMX beschrieben, hat jede Information eine Reihe von Bestimmungsgrößen (Merkmale, Dimensionen, Schlüsselkomponenten), um die wichtigsten Fragen zu beantworten: wer, wo, wann, was, wie viel, usw. Bei einem Kauf eines Produkts gibt es zum Beispiel die Merkmale Käufer, Verkäufer, Produkt, Menge, Zahlungstermin. Diese Merkmale, die Schlüssel(-komponenten), identifizieren die eigentliche – meist quantitative – Information, den Kaufbetrag. Dieser wird weiter beschrieben durch eine Reihe von Attributen (zum Beispiel Währung).

Was bedeutet eine generische Sicht? Für den Datenanalysten gibt es im eigentlichen Sinne keine Mikrodaten, Makrodaten, Finanzdaten, Aufsichtsdaten, Messdaten, operative Daten, Transaktionsdaten, Buchhaltungsdaten, Rohdaten oder bereinigte Daten. Es gibt nur: Daten. Sie sind charakterisiert durch das zuvor beschriebene Prinzip der Multidimensionalität, das für beliebige Daten verschiedenster Themengebiete – also generisch – anwendbar ist.

Eine gut aufgebaute Statistikdatenbank enthält demzufolge eine multidimensionale Identifikation des beobachteten Phänomens mit Schlüsselbegriffen für die einzelnen Dimensionen aus möglichst (international) abgestimmten Codes wie Länder- oder Währungscodes, Attribute zur Methodik, Quellangaben, Einheit der Werte (kg, €, m),

Dimensionierung der Werte (meist die Zehnerpotenz), bei Indexwerten den Basisbezug, Kennzeichnungen der Werte (geschätzt, vorläufig …), Kommentierungen, ein Vertraulichkeitsregelwerk und entsprechende Kennzeichnungen.

Das Herzstück einer solchen Datenwelt sind die elementaren Daten selbst, häufig auch Messgrößen, (Mess-)Variablen oder Fakten genannt. Diese sind eigentlich immer einfache Wertepaare aus Schlüssel und Wert, zum Beispiel Bankidentifikation, Terminen, Bilanzposition, Wert.

Diese Wertepaare sind aber wertlos ohne erklärende Daten, sogenannte Metadaten, also Daten über Daten. Der Begriff Metadaten ist sehr umfassend. Diese beinhalten die für die automatisierbaren Prozesse wichtigen Strukturinformationen zu Datensätzen, d. h. die Information über Dimensionen, Schlüsselbegriffe, Attribute, verwendete Codelists usw. einer Datensammlung. Daneben enthalten sie textliche Referenzinformationen zu codierten Schlüsselbestandteilen (Länderschlüssel DE = Deutschland). Daneben gibt es aber auch einen noch stärker textlastigen Metadatentyp, er beinhaltet evtl. umfangreiche textliche Beschreibungen des Inhalts einer Datensammlung. Diese sind in der Regel nicht für eine automatisierte Anwendung geeignet.

Mikrodaten beziehen sich meist auf sogenannte Merkmalsträger, zum Beispiel beziehen sich die Blutdruckwerte oder Cholesterinwerte einer Versuchsgruppe auf einzelne Patienten. Gewöhnlich sammelt man für diese Merkmalsträger (Personen, Unternehmen, Wertpapiere …) neben den eigentlichen Mikrodaten zusätzliche Eigenschaften (Name, Adresse, Geschlecht …), die für eine spätere Auswertung oder die Suche nach Zusammenhängen verwendet werden können. Diese Daten bezeichnet man als Stammdaten oder Referenzdaten. Häufig werden sie in Registern gehalten, deshalb findet sich auch die Bezeichnung Registerdaten. Diese Referenzdaten sind überaus wichtig, weil viele verschiedene Datenbestände darauf Bezug nehmen und damit erst Verknüpfungen von Daten möglich werden. So könnte durch eine Verknüpfung von Gesundheits- und Finanzdaten einzelner Personen der Zusammenhang zwischen Wohlstand und Lebenserwartung untersucht werden.

Diese Begriffe und Konzepte lassen sich ohne Weiteres für Datenbestände verschiedenster Herkunft anwenden. Sie finden ihre Realisierung in dem Statistikstandard SDMX, der im Folgenden genauer beschrieben wird und seit dem Jahr 2005 ganz entscheidend zum Aufbau länderübergreifend harmonisierter Wirtschaftsstatistiken sowie dem internationalen Datenaustausch und Data Sharing beigetragen hat.

8.3 Datenaustausch und Data Sharing in der Statistik

Die Internationale Statistikgemeinde kann auf eine lange Tradition des Datenaustauschs zurückblicken. Statistik ist wichtige Hilfsdisziplin für viele Natur- und Sozialwissenschaften, und zahlreiche Forschungsprojekte können nicht ohne hinreichende empirische Datengrundlage durchgeführt werden. Daher war es traditioneller Anspruch der Datenbereitsteller, ihr Material stets auch für die Weitergabe und Wiederverwendung aufzubereiten, und bereits früh wurden Messtabellen oder Datensätze ausgetauscht. Hierzu gibt es ein wunderbares historisches Beispiel weltumspannender wissenschaftlicher Kooperation, das die Autorin Andrea Wulf in Ihrem Buch *Chasing Venus: The Race to Measure the Heavens* (Wulf 2013) beschreibt – die Berechnung der Entfernung zwischen Erde und Sonne.

> **Der Venus-Transit**
>
> Am 6. Juni 1761 und am 3. Juni 1769 konnten die Menschen weltweit ein äußerst seltenes Phänomen beobachten: den Transit des Planeten Venus vor der Sonne. Wissenschaftler hatten vorausberechnet, dass dieses Ereignis zweimal im Abstand von acht Jahren stattfinden und sich anschließend über hundert Jahre lang nicht wieder ereignen würde. Es bot damit eine äußerst seltene Chance, denn anhand der Transitzeiten konnte man zum ersten Mal eine bisher unbekannte astronomische Größe ermitteln: die Entfernung der Erde zur Sonne. Es war möglich, diese Entfernung durch Triangulation zu schätzen, sofern verschiedene Messungen der Transitzeiten von verschiedenen Punkten um den Erdäquator vorlägen. Hunderte von Wissenschaftlern machten sich auf den Weg – in einer Zeit, die für andere von Kriegen und Konflikten bestimmt war, begaben sie sich auf langwierige, wagemutige Expeditionen rund um den Globus, um zur vorbestimmten Stunde am vorbestimmten Ort diese Messung vornehmen zu können. Genauso kritisch für den Erfolg des Vorhabens, wenn auch von weniger abenteuerlichem Charakter, waren allerdings die nachfolgende Zusammenführung dieser zahlreichen Daten und ihre Aufbereitung für die Berechnung.

In der Moderne gestaltet sich der Datenaustausch wesentlich effizienter. Dennoch ist es für die Statistikprovider sehr aufwendig, große Datenbestände immer wieder miteinander abzugleichen. Deswegen setzt sich seit einiger Zeit das neuere Konzept des *Data Hubs* durch. Dabei werden die Daten an einer zentralen Stelle, dem *Hub*, bereitgestellt, so dass die Beteiligten von dem Aufwand entlastet werden, jeweils lokale Kopien vorzuhalten. Ein Beispiel dazu ist der *Joint External Debt Statistics Hub (JEDH)* der internationalen Organisationen BIZ, IWF, OECD und Weltbank.

Unabhängig von der Form der Bereitstellung (Austausch oder Hub) spricht man von *Data Sharing*, wenn Daten für andere Stellen verfügbar gemacht werden; meist ist es für eigene (Forschungs-)Arbeiten oder für ein *Peer Review* (Nachprüfung der Arbeit und Datengrundlage eines anderen). *Data Sharing* spielt in der Statistik eine wichtige Rolle, so dass es nicht verwundert, wenn ein Großteil statistischer Standardisierungsarbeit diesem Zweck gewidmet ist.

Literatur

Lorillard Records (1972). https://archive.org/details/tobacco_hjy99d00 https://www.industrydocumentslibrary.ucsf.edu/tobacco/docs/lkjy0104. Zugegriffen: 01. Dez. 2016

Wulf A (2013) Chasing Venus: the race to measure the heavens. Vintage, New York

Beitrag des Statistikstandards SDMX 9

Nachdem wir in den vorausgegangenen Kapiteln den Bedarf für ein Ordnungssystem zur Schaffung einer umfassenden Datenwelt, die Schwierigkeiten bei der Umsetzung und die generische Ausrichtung der Statistik beschrieben haben, wollen wir jetzt aufzeigen, was die Statistikwelt diesbezüglich zu bieten hat.

9.1 Was ist SDMX?

SDMX steht für **S**tatistical **D**ata and **M**etadata E**x**change und ist ein von der internationalen Statistikcommunity in vielerlei Hinsicht erfolgreich eingesetzter ISO-Standard (ISO 17369:2013).

Ursprünglich hatte die 2001 von den Sponsororganisationen (vgl. Abb. 9.1) gestartete Initiative das Ziel, den internationalen Austausch statistischer Datenbestände zu vereinfachen. Dieses Vorhaben gelang auch sehr gut: Der Austausch statistischer Finanz- und Wirtschaftsdaten zwischen diesen Organisationen und den zugehörigen Mitgliedsländern, insbesondere den nationalen Statistikämtern und Notenbanken, war zuvor themenbereichsspezifisch und schlimmstenfalls zusätzlich bilateral abgestimmt worden – inzwischen läuft er SDMX-basiert.

Schnell zeigte sich aber, dass SDMX sich nicht nur für die Spezifikation von Austauschformaten eignete, sondern das eigentliche Potenzial in dem zugrunde liegenden Rezept zur Modellierung beliebiger Datenthemenbereiche lag. SDMX eignet sich als Klassifikationssystem für beliebige Finanz- und Wirtschaftsdaten (aber auch für andere Daten) und ist daher das ideale *Information Model* für viele der beteiligten Institutionen. Immer häufiger werden daher dort interne Systeme als SDMX-Datensammlung organisiert. Auch für die Datenbereitstellung und -publikation per Internet werden inzwischen an vielen Stellen die SDMX-Klassifikationen und zugehörigen technischen Möglichkeiten (so etwa *SDMX Web Services*) genutzt.

- Bank für Internationalen Zahlungsausgleich (BIZ)
- Internationaler Währungsfonds (IWF)
- Organisation für wirtschaftliche Zusammenarbeit und Entwicklung (OECD)
- Vereinte Nationen (UN)
- Weltbankgruppe (Weltbank)
- Statistisches Amt der Europäischen Union (Eurostat)
- Europäische Zentralbank (EZB)

Abb. 9.1 Sponsororganisationen der SDMX-Initiative (SDMX 2016)

9.2 Einstieg in SDMX

Die Schlagkraft des SDMX-Ansatzes beruht unter anderem darauf, dass er im Kern geradezu verblüffend einfach funktioniert: Das Herzstück von SDMX besteht in der Umsetzung des zuvor beschriebenen generischen Prinzips der Mehrdimensionalität von Information.

Für einen Themenbereich wie die in Abschn. 1.5 bereits erwähnte und im nachfolgenden Abschnitt näher erläuterte Schneehöhenstatistik erhält man das SDMX-Modell, indem man die bestimmenden Dimensionen des Themenbereichs – die Achsen seines ureigenen Koordinatensystems – ermittelt. Im Beispiel waren dies das Land, der Ort, das Jahr der Messung, die Höhenlage des Skigebiets, die Art der Messgröße (Schneehöhe) selbst. Anschließend werden die gültigen Werte für jede Dimension – die Codelisten wie zum Beispiel die Liste der ISO-Länderschlüssel oder die Postleitzahlen – festgelegt. Die Achsen werden also beschriftet.

Diese Identifikation wird angereichert durch zusätzliche beschreibende Informationen (Attribute, zum Beispiel Messeinheit „cm" oder Messmethode „Jahresdurchschnitt"). Die Gesamtheit der *Dimensions* und *Attributes* bildet die Datenstrukturdefinition des Themenbereichs, die für jeden gleichartigen Datensatz gilt. Jeder einzelne Datenpunkt aus diesem Datensatz ist eindeutig durch die Angabe der Koordinaten, den SDMX-Schlüssel, festgelegt.

Damit wird auch klar, wie wichtig die einheitliche Verwendung abgestimmter Codes bzw. Codelisten ist. Verwendet man in einer Datensammlung für die Identifikation des Landes den Code DE für Deutschland, dann passt er eben nicht zu einer anderen Datensammlung, in der für Deutschland die Identifikation DEU, GER oder 0049 verwendet wird. Verwendet man einmal die Postleitzahl eines Ortes, ein anderes Mal die Telefonvorwahl, den Gemeindeschlüssel oder Geoidentifikatoren wie GPS-Koordinaten, dann passen die Dinge eben nicht zusammen.

In den nachfolgenden Abschnitten werden wir zunächst ein vereinfachtes Beispiel für eine SDMX-Anwendung aufbauen und danach eine sehr ausgereifte SDMX-Lösung aus der Praxis beschreiben.

9.3 SDMX an einem vereinfachten Beispiel

Im zweiten Teil dieses Buchs erläutern wir die zugrunde liegenden Mechanismen von SDMX genauer. An dieser Stelle soll aber ein vereinfachtes Beispiel diese Vorgehensweise darstellen. Nehmen wir dazu die bereits angedeutete fiktive „Schneesicherheitsstatistik" (vgl. Abb. 9.2):

Das abgebildete Datentableau zeigt als Wert jeweils eine Schneehöhe in der Einheit Meter. Gehen wir nun auf die Suche nach den notwendigen Dimensionen: Um einen Zahlenwert in dem Tableau korrekt zuzuordnen, müsste man wissen, für welches Land (AT, CH, DE, IT) er in welchem Jahr (2015, 2016) ermittelt wurde und ob er sich auf die Skigebiete der Höhe über oder unter 2000 m bezieht. Unser Datenwürfel wäre damit dreidimensional.

Um den Datenwürfel ausbaubar zu machen, könnten wir noch die weitere Dimension Berechnungsart (Durchschnitt) mit aufnehmen, denn es wäre ja möglich, dass jemand uns nächstes Jahr auch die Maximal- oder Minimalwerte der Schneehöhen übermittelt. Gerne nimmt man auch die Frequenz der Werteermittlung – in diesem Fall jährlich – als Dimension mit auf, um gegebenenfalls die Umstellung auf eine feinere Periodizität, zum Beispiel monatliche Messungen, leicht abbilden zu können. (In diesem Falle müsste natürlich auch die Codeliste der Zeitdimension, die aktuell nur Jahresangaben enthält, angepasst werden.)

„Schneesicherheitsstatistik": Jährliche durchschnittliche Schneehöhe in Metern in verschiedenen Skigebieten (Werte willkürlich)

Land		Gebiete über 2.000 m		Gebiete unter 2.000 m	
	Jahr	2015	2016	2015	2016
AT		2,15	2,12	3,16	2,17
CH		3,16	3,16	2,17	3,19
DE		2,17	3,16	3,19	2,15
IT		3,19	2,17	2,12	3,16

Abb. 9.2 Einfaches Beispiel für eine Statistik, ursprüngliches Datentableau

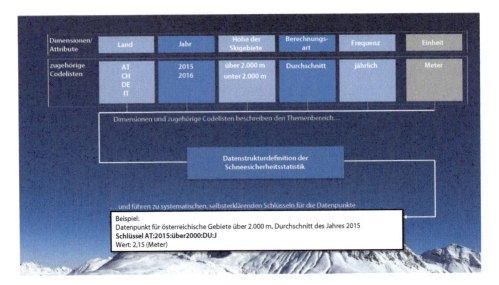

Abb. 9.3 SDMX-Datenstrukturdefinition für das einfache Datentableau und Aufbau eines SDMX-Schlüssels

Eine weitere mögliche Dimension wäre die Einheit (Meter), denn nur in Verbindung mit dieser kann der Zahlenwert interpretiert werden. Üblicherweise bildet man die Einheit aber nicht als Schlüsseldimension, sondern nur als zusätzliches Attribut ab. Denn selbst bei der Verwendung einer anderen Einheit (zum Beispiel Fuß oder Zentimeter) wäre strenggenommen noch derselbe Beobachtungsgegenstand abgebildet. Unsere SDMX-Übersetzung zeigt Abb. 9.3.

Unser SDMX-Modell ist bei entsprechender Erweiterung der Codelisten offen für weitere Datenpunkte etwa aus anderen Jahren oder zusätzlichen Ländern. Eine Anpassung der Codeliste „Höhe der Skigebiete" würde in dieser Dimension eine Verfeinerung der Granularität erlauben. Die Umstellung auf eine höhere Erhebungsfrequenz wurde bereits angesprochen. Letztendlich bedeutet selbst die Aufnahme einer zusätzlichen, bisher nicht bedachten Dimension – so etwa die Unterscheidung in Alpin- und Langlaufgebiete –, nur einen kleinen Aufwand.

Noch ein Nachtrag: Die hier abgebildeten Daten entstehen offensichtlich aus (jährlich) wiederkehrenden Messungen, es handelt sich hierbei um Zeitreihen (engl. *time series data*). Da ein Großteil der in SDMX abgebildeten Datenbestände in Zeitreihen organisiert ist, verfügt SDMX über Konzepte, die die Arbeit mit Zeitreihen besonders einfach machen. Vereinfacht ausgedrückt bedeutet das, der SDMX-Schlüssel beschreibt dann nur die Zeitreihe an sich, die wiederum die Beobachtungspunkte (im oberen Fall die Messwerte der Jahre 2015 und 2016) enthält. Dieses Herausheben der Zeitdimension stellt aber nur eine Spezialisierung des SDMX-Modells dar. SDMX eignet sich in seiner allgemeinen Ausprägung auch für zeitpunktfixierte oder komplett zeitunabhängige Daten.

9.4 Data Driven Systems im Statistikdatenaustausch dank SDMX

IT:2015:*:DU:J	durchschnittliche Schneehöhen aller italienischen Skigebiete im Jahr 2015
::über2000:DU:J	durchschnittliche Schneehöhen aller Gebiete über 2.000 m
AT:*:*:DU:J	alle Jahresdurchschnitte der österreichischen Skigebiete

Abb. 9.4 Beispielhafte Wildcardabfragen auf dem Datenwürfel der Schneesicherheitsstatistik

Der Nutzen einer SDMX-Modellierung für den modellierten Themenbereich ist ersichtlich: SDMX sorgt für die einheitliche Beschreibung jedes Dateninhalts und trennt dabei die für die eindeutige Identifikation notwendigen Konzepte (Dimensionen) von den zusätzlich beschreibenden (Attribute). Der standardisierte Aufbau und die Nutzung von Codelisten machen Suchabfragen in diesem *multidimensionalen Datenwürfel* (vgl. Abschn. 1.5) kinderleicht. So würden einige Suchabfragen unter Verwendung der *Wildcards* (Platzhalterzeichen) * im oberen Beispiel wie in Abb. 9.4 aussehen.

Aber der eigentliche Nutzen der SDMX-Standardisierung beginnt sich erst zu zeigen, wenn diese auf weitere Themenbereiche fortschreitet. SDMX lässt zu, dass für jeden Themenbereich die zu ihm passende, individuelle Datenstrukturdefinition entwickelt wird, kann damit also die Besonderheit der einzelnen Bereiche aufnehmen. Aber indem verschiedene Themenbereiche für ihre jeweilige Datenstrukturdefinition übergreifende, gemeinsame Codelisten nutzen, wird über dieses Instrument Standardisierung vorangetrieben. Und wenn die Datenwürfel über diese gemeinsamen Merkmale verknüpfbar werden, kommen wir schrittweise zu einer themenübergreifenden SDMX-Landschaft. Im oberen Schneehöhenbeispiel könnte eine zusätzliche „Statistik der Besucherzahlen" oder „Statistik der Sonnenscheindauer" über die gleichen Dimensionen Land, Jahr, Skigebietshöhe herangezogen werden, um zu untersuchen, ob ein statistischer Zusammenhang zwischen Schneehöhen, der Sonnenscheindauer und Besucherzahlen vorliegt. Natürlich wären für eine solche Untersuchung eine wesentlich höhere Granularität und ein deutlich größeres Datenvolumen angezeigt.

9.4 Data Driven Systems im Statistikdatenaustausch dank SDMX

Im Statistischen Datenaustausch konnten dank SDMX die vielen, teils bilateral abgeschlossenen, Einzelvereinbarungen abgelöst werden durch ein Universalmeldeformat. SDMX ermöglichte es darüber hinaus, dass der Datenaustausch auf sogenannten *Data Driven Systems* basieren kann. Darunter sind Systeme zu verstehen, deren Verarbeitungsprozesse

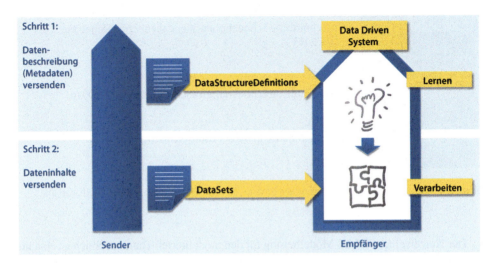

Abb. 9.5 Einsatz von SDMX-basierten Systemen im Datenaustausch

nicht vordefiniert sind, sondern zur Laufzeit anhand zugespielter Informationen dynamisch festgelegt werden. Auf SDMX übertragen bedeutet das, dass die Systeme des Empfängers im Datenaustausch beliebige SDMX-Datensätze verarbeiten können. Die genaue Datenstrukturdefinition wird dem Empfänger in einem ersten Schritt mitgeteilt, dieser speist die Definition in seine Systeme ein. Die Systeme „lernen" anhand der Definition die Struktur des Datensatzes kennen. Werden dann im zweiten Schritt die Dateninhalte versandt, weiß das *Data Driven System* des Empfängers bereits, in welcher Form die Daten zu behandeln sind (Abb. 9.5).

9.5 Ausgereiftes Beispiel aus der Praxis

Ein exzellentes Beispiel für eine ausgereifte SDMX-basierte Lösung stellt die *Special-Data-Dissemination-Standard-Plus-Initiative* des IWF dar. Der IWF beschreibt in seiner *Data Collection Strategy* unter der Überschrift *Leveraging SDMX Standards* diese SDDS-Plus-Initiative als „the most advanced tier of the IMF Data Standards Initiatives" (IWF 2014a).

Die Ziele der seit den 1990er-Jahren betriebenen SDDS-Standardisierung waren die Förderung der Datentransparenz und die Unterstützung der Glaubwürdigkeit statistischer Systeme durch die Verwendung länderübergreifend einheitlicher Indikatoren. Als Reaktion auf diverse globale Finanzkrisen wurde dann mit dem Special Data Dissemination Standard Plus (SDDS Plus) im Jahr 2012 eine weitere umfassende Datensammlung ergänzt. Inhaltlich bestand diese Ergänzung im Wesentlichen in der Hinzunahme zusätzlicher wirtschafts- und finanzstatistischer Ergebnisse im Hinblick auf eine verbesserte Informationsbereitstellung für die Finanzstabilitätsanalyse und die Krisenprävention in einem Umfeld fortschreitender wirtschaftlicher und finanzieller Integration.

Vor allem aber vonseiten der Methodik und der technischen Implementierung wurde bei SDDS Plus ein neuer Weg unter Nutzung des SDMX-Standards beschritten. Der IWF

9.5 Ausgereiftes Beispiel aus der Praxis

definierte einheitliche global zu verwendende Datenstrukturen (*SDMX Data Sets*), die in Form einer Metadatenbank bzw. Repository zentral vom IWF zur Verfügung gestellt werden. Dieses zentrale Repository enthält die Strukturdefinitionen der Datensätze (*Data Structure Definition, DSD*) und die dazugehörigen *Codelists* (zum Beispiel für Länder, Zahlungsbilanzpositionen) für die *Dimensions* und *Attributes* der SDDS-Plus-Daten in einer SDMX-Syntax. Die beitragenden Länder stellen die nationalen, durch die Statistischen Ämter, Notenbanken und andere Institutionen ermittelten Daten auf ihren National Summary Data Pages (NSDP) bereit. Dies sind in der Regel Websites des jeweiligen Statistischen Amtes. Es handelt sich somit um eine zentrale Bereitstellung der Metadaten (erklärende Daten), von denen aus eine Verlinkung auf die dezentral bereitgestellten Daten der teilnehmenden Länder erfolgt. Damit wird diese Lösung mehr zu einem dezentralen *Data Sharing* von weltweit verteilten Daten und weniger zu einem klassischen Datenaustauschprozess mit Datenübertragungen zu einer zentralen Stelle. Die Daten Deutschlands sind dabei unter der vom Statistischen Bundesamt betriebenen nationalen Ergebnisseite (NSDP)[1] zu finden.

Darunter findet sich unter anderem die nachfolgend beschriebene Zeitreihe aus den Daten zu den Währungsreserven. Durch die Kombination des SDMX-Schlüssels (quasi ein *barcode of information*) und der anhand der Metadaten hergeleiteten Erklärung des Inhalts (Prinzip des selbsterklärenden Schlüssels) wird das Zusammenspiel von Daten und Metadaten und damit das Konzept des SDMX aufgezeigt:

Die Zeitreihe gehört zu einem Dataset BBFI1 (Bundesbank Auslandsvermögensstatus gemäß BPM6[2]) und hat den 15-dimensionalen Schlüssel BBFI1.M.N.DE.W1.S121.S1.LE.A.FA.R.F11._Z.XAU.M.N, wobei die Punkte zur Trennung der *Dimensions* dienen. Die Interpretation wird auf der Website auf Knopfdruck – wie bei der Betätigung eines Scanners bei einem Barcode – angezeigt (Abb. 9.6).

Für die Nutzung dieser Daten wurde es damit leicht möglich, unter Bezugnahme auf das zentrale Repository hochwertige Berichte oder Grafiken zu erzeugen, die Zusammenfassungen bzw. Gegenüberstellungen der Daten der teilnehmenden Länder abbilden. Diese interaktiven Auswertungen können unter dem Oberbegriff *Principal Global Indicators* (*PGI*)[3] auf den Websites der *Inter-Agency Group on Financial & Economics Statistics* (*IAG*)[4] aufgerufen werden.

---

[1] https://www.destatis.de/EN/FactsFigures/Indicators/ShortTermIndicators/IMF/NSDP.html. Zugegriffen: 20.02.2017

[2] BPM = Balance of Payments Manual, international abgestimmte Vorgaben für nationale Außenwirtschaftsstatistiken

[3] „The PGI website was launched in 2009 in response to the global financial crisis, and is hosted by the IMF. It is a joint undertaking of the IAG, which was established in 2008 to coordinate statistical issues and data gaps highlighted by the global crisis and to strengthen data collection" (IWF 2014b).

[4] „The Inter-Agency Group on Economic and Financial Statistics, abbreviated as IAG, comprises the Bank for International Settlements (BIS), the European Central Bank (ECB), Eurostat, the International Monetary Fund (IMF, Chair), the Organisation for Economic Co-operation and Development (OECD), the United Nations (UN), and the World Bank. It was established in 2008 to coordinate statistical issues and data gaps highlighted by the global crisis and to strengthen data collection" (Eurostat 2016).

Nr	Beschreibung der *Dimension*	Schlüssel	Erläuterung
1	Periodizität (BBk)	M	monatlich
2	Bereinigung (BBk)	N	Ursprungswerte
3	Land	DE	Deutschland
4	Partnergebiet/-land	W1	alle Länder ohne Berichtsland
5	inländischer Wirtschaftssektor	S121	Zentralbank
6	Wirtschaftssektor des Partnergebiets/-landes	S1	gesamte Ökonomie
7	Transaktion, Bestand, Bestandsveränderung (keine Transaktion)	LE	Bestände
8	Bilanzseite (Forderungen, Verbindlichkeiten, Saldo)	A	Forderungen
9	Zahlungsbilanzposition	FA	Kapitalbilanz
10	funktionale Kategorie (innerhalb der Kapitalbilanz)	R	Währungsreserven
11	Art des Finanzinstruments/Vermögenswertes	F11	monetäres Gold
12	Ursprungslaufzeit	_Z	nicht anwendbar
13	Gebiet (ISO-Währungscodes, Währungsgruppen)	XAU	Gold
14	Bewertungsmethode	M	Marktwert
15	Erstellungskonzept	N	Nationalkonzept

Abb. 9.6 Beschreibung der SDMX-Dimensionen eines SDDS-Plus-Schlüssels (zugehörige Zeitreihe zu finden auf der deutschen National Data Summary Page)

Auf dieser frei zugänglichen Website wird eine attraktiv aufbereitete Datensammlung bereitgestellt, in der u. a. in der IMF Data App navigiert werden kann (IWF 2011).

Dieses Beispiel der SDDS-Plus-Initiative zeigt die positiven Auswirkungen der Standardisierung: Es wurde eine weltweit harmonisierte Klassifikation für die wichtigsten real- und finanzwirtschaftlichen Indikatoren erreicht, die eine Kombination aus zentraler und dezentraler Arbeit an den Daten ermöglicht und die Entwicklung modernster Präsentations- und Auswertungstechniken fördert.

Literatur

Eurostat (2016) Glossary: Inter-Agency Group on Economic and Financial Statistics (IAG). http://ec.europa.eu/eurostat/statistics-explained/index.php/Glossary:Inter-Agency_Group_on_Economic_and_Financial_Statistics_(IAG). Zugegriffen: 20. Febr 2017

Literatur

IWF (2011) Press release: IMF launches new iPad app to access statistical data. https://www.imf.org/external/np/sec/pr/2011/pr11345.htm. Zugegriffen am 20.02.2017

IWF (2014a) A data collection Strategy: Leveraging SDMX standards. IMF, Washington

IMF/FSB Global Conference on the G-20 Data Gaps Initiative. 2014, Basel https://www.imf.org/external/np/seminars/eng/2014/dgi/pdf/m.pdf Aufgerufen am 27.04.2017

SDMX (2016) Offizielle Homepage der internationalen SDMX-Initiative. https://sdmx.org. Zugegriffen: 25. Jan. 2016

Fazit und Ausblick   10

Die Datenwelten nehmen in ihrem Volumen und ihrer Komplexität explosionsartig zu. Daten werden zunehmend wertgeschätzt, wie es das bekannte Zitat des Gartner-Vizepräsidenten zeigt:

> Information is the oil of the 21st century, and analytics is the combustion engine.

(Information ist das Erdöl des 21. Jahrhunderts, und Analyse ist der Verbrennungsmotor.) (Sondergaard 2011)

Entscheidungen in allen Bereichen des Lebens sollen „evidenzbasiert" sein, d. h., man wünscht gute Datengrundlagen für die Entscheidungsfindung und ebenso gute Datengrundlagen für die Ex-post-Bewertung der Auswirkungen der Entscheidungen. Hochwertige Daten stellen Wettbewerbsvorteile dar, viele Unternehmen werden deshalb zu *Data Driven Companies*.

Für die gewinnbringende Nutzung der Datenwelten ist es von entscheidender Bedeutung, das rasante Wachstum zu beherrschen, die Daten zu verstehen und sie zu neuen, für die jeweiligen Fragestellungen passenden Informationsgebilden zusammenzufügen, etwa durch die Verknüpfung von Daten unterschiedlicher Quellen. Diese Beherrschung dieses Datenwachstums ist kein Selbstläufer, denn die Informationsbranche und -technologie hat weniger als andere Industriezweige bisher auf die Entwicklung von Standards insbesondere für Dateninhalte gesetzt. Es fehlen durchgängige Klassifikationen, verfügbare Repositorien, es fehlt ein „*barcode of information*". Die Datenwelten sind ohne weitere Aufbereitung kein Baukastensystem, in dem sich Datensätze leicht zu neuen Produkten zusammen bauen lassen. Deshalb besteht die Vision der Autoren in einer wohlgeordneten und damit gut beherrschbaren und nutzbaren Datenwelt.

Statistik dient fast allen Wissenschafts- und Geschäftsbereichen als themenübergreifende Disziplin und unterstützt den Gedanken der „Information als öffentliches Gut". Dieser Gedanke erfordert Standards für Datenhaltung, Dokumentation, Informationszugang,

Datenschutz und Daten. Die Statistikwelt bietet solche, sie sind verfügbar, weltweit verbreitet und – besonders wichtig – sie funktionieren. Die Statistikwelt hat die Alltagstauglichkeit, breite Einsatzmöglichkeit und internationale Verwendbarkeit ihrer Konzepte und Standards nachhaltig und erfolgreich bewiesen. Dies führte zu unserer Motivation, für die Nutzung dieser Standards und insbesondere des SDMX-Standards für die zuvor genannte Vision des Aufbaus wohlgeordneter Datenwelten zu werben.

Statistik sollte selbstbewusst für diese Stärken werben und sie in den Vordergrund bringen. Dieser offensive Einsatz sollte in folgenden Aktivitäten bestehen:

- SDMX sollte über die gesamte Wertschöpfungskette der Informationsgewinnung genutzt werden, d. h. bei der Datenerhebung, der Qualitätssicherung, der Analyse, der Publikation, der Datenverknüpfung und der Dokumentation.
- Neue feingranulare Datensammlungen, Mikrodaten, sollten natürlich auch in SDMX klassifiziert werden.
- SDMX ist sehr breit nutzbar, nicht nur für Finanz- und Wirtschaftsdaten, deshalb ist die Einbindung des Gedankenguts in verschiedene Wissenschaftsdisziplinen zielführend.
- Öffentliche *Repositorys* können die Verbreitung entscheidend beschleunigen.
- Ebenso hilfreich sind ein verstärktes Marketing in der Softwareindustrie, denn ohne deren Unterstützung kann es keine umfassende Standardisierung geben, daneben die Unterstützung des *Open-Source-Gedankens* durch Bereitstellung eigener Produkte sowie die Bereitstellung von *Software as a Service* (*SaaS*)
- Zusätzlich bedarf es einer (noch ausführlicheren) Dokumentation der Techniken und ihrer Möglichkeiten zur Präsentation, Suche, Analyse und zum Aufbau neuer Informationswelten.

Die aktuell vorhandene Datenorientierung und die rasant wachsenden Datenmengen bescheren der Statistik die große Chance, sich als zentraler *Information-Provider* und als generische Disziplin zum Aufbau von Wissen durch intelligente Auswertung von den in Daten manifestierten Erfahrungen zu profilieren.

Die Nutzung dieser Chancen wird mit Standardisierung und SDMX besser gelingen.

Literatur

Sondergaard P (2011) Gartner Symposium/ITxpo 2011, October 16–20, in Orlando

Teil II
Der Statistikstandard SDMX

Warum ein Teil 2? Wir haben dieses Buch bewusst in zwei Teile eingeteilt, weil wir wissen, dass die nähere Erklärung eines so generischen Modells wie SDMX viel Abstraktion und technisches Interesse erfordert und deshalb von einigen Lesern als zu trocken oder schwer verdaulich empfunden wird. Anderseits ist diese Erklärung für die Zielgruppe, die zu unserer Vision der wohlgeordneten Datenwelt beitragen kann, unerlässlich und soll deshalb hier in Teil 2 eingebracht werden.

Wie bereits im ersten Teil des Buches beschrieben, sehen wir den bereits mehrfach erwähnten, in der Statistik etablierten ISO-Standard SDMX als sehr gut geeignet an für den Aufbau eines universellen, themenübergreifenden Ordnungssystems für Daten. SDMX ist mehr ein fachlicher als ein technischer Standard, er kann die Basis für technische Implementierungen auf verschiedenen Plattformen, auf unterschiedlichen Datenbanksystemen und mit unterschiedlichen Programmiersprachen bieten. In den folgenden Abschnitten wollen wir diesen Standard erklären.

Entstehung und Entwicklung von SDMX 11

11.1 Die Idee, ihre Entstehung und Ausbreitung

Der SDMX-Vision liegt ein Gedankengut zugrunde, das vom Statistischen Amt der Europäischen Gemeinschaft, Eurostat, schon in den 1990er-Jahren ausgearbeitet wurde. Die Initiative lief unter dem Namen GESMES (*Generic Statistical Message*). Der Grundgedanke bestand aus einem generischen, themenübergreifenden multidimensionalen Datenmodell, das durch die Nutzung einer Auszeichnungssprache (*Markup Language*) für die selbsterklärende Strukturierung der Datensätze den Datenaustausch standardisieren sollte. Diese Entwicklung fand also bereits vor dem Siegeszug des Internets und der Auszeichnungssprache *XML* statt. Die Initiative setzte auf der Auszeichnungssprache *EDIFACT* (*Electronic Data Interchange for Administration, Commerce and Transport*) auf.

Die Verbreitung dieser Vision gelang nur unzureichend. Das Verständnis eines solchen generischen Modells setzt wie bereits erwähnt recht viel Abstraktionsvermögen voraus. Die Verbreitung überwiegend durch papiergebundene Dokumentationen machte es in dieser Zeit gar zu einer schwer verdaulichen Kost.

Leicht verdaulich ist die Kost auch heute noch nicht, obwohl die Idee und die Kernbestandteile sehr einfach zu verstehen sind, auch für Nichtmathematiker. Die Dokumentation bewegt sich aber weiterhin zu großen Teilen auf einem *Technical-User-Guide-Level*. Es fehlt mitunter die anschauliche Beschreibung, die potenzielle Nutzer von der Leichtigkeit überzeugt. Deshalb wird im weiteren Verlauf der Versuch der anschaulichen Erklärung unternommen.

Der eigentliche Schub für die Vision kam dann Ende der 1990er-Jahre in den Vorbereitungsarbeiten für die Europäische Währungsunion zustande. In statistischen Arbeitsgruppen im *EMI* (*European Monetary Institute*) wurde mit Unterstützung einiger Notenbanken, darunter die Banca d'Italia und die Deutsche Bundesbank, der BIZ, von Eurostat und externer Berater das *Subset GESMES/TS* (Zusatz TS für *Time Series*) ausgearbeitet. Auf diesem *EDIFACT*-gebundenen Textformat (ein Beispiel ist in Abb. 11.1 zu sehen) wurde danach der gesamte Datenaustausch im Europäischen System der Zentralbanken (*ESZB*) aufgebaut.

Dieser sehr erfolgreiche Verlauf führte zum Plan, den GESMES/TS-Standard als weltweiten ISO-Standard zu etablieren. Damit erhoffte man sich, den weltweiten statistischen Datenaustausch bewerkstelligen zu können. Dieser Plan nahm dann im Jahr 2001 in Form der SDMX-Initiative Gestalt an, in die zusätzlich zur EZB auch die heutigen Sponsororganisationen BIZ, Eurostat, IWF, OECD, UN und Weltbank integriert wurden. Das EDIFACT-GESMES/TS-Format ist noch heute Bestandteil des SDMX-Standards (Subset SDMX-EDI), und es werden weiterhin sehr viele Daten in diesem gegenüber den XML-Varianten schlankeren Format übertragen.

Line	SDMX-EDI message
1	UNA:+.? '
2	UNB+UNOC:3+BR2+5B0+060502:1554+IREF120136++GESMES/TS,
3	UNH+MREF000001+GESMES:2:1:E6'
4	BGM+74'
5	NAD+Z02+BIS'
6	NAD+MR+5B0'
7	NAD+MS+BR2'
8	DSI+BIS_CBS (for template generated output: DSI+IFS_2012_01')
9	STS+3+7'
10	DTM+242:201403131720:203'
11	IDE+5+BIS_CBS'
12	GIS+AR3'
13	GIS+1:::-'
14	ARR++Q:S:BR:4M:F:I:A:A:TO1:A:AD:20134:608:123:B:N:121'
15	ARR++Q:S:BR:4M:F:I:A:A:TO1:A:AR:20134:608:111:B:N:110'
16	ARR++Q:S:BR:4M:F:I:A:A:TO1:A:AT:20134:608:234:B:N:229'
17	ARR++Q:S:BR:4M:F:I:A:A:TO1:A:AU:20134:608:123:B:N:-'
18	ARR++Q:S:BR:4M:F:I:A:A:TO1:A:BE:20134:608:345:A:C'
19	ARR++Q:S:BR:4M:F:I:A:A:TO1:A:CA:20134:608:234:A:N'
...	...

Abb. 11.1 Beispiel einer GESMES/TS-Datei (heute: SDMX-EDI) Datei aus den „Technical guidelines for reporting international banking statistics to the BIS" (BIZ 2016)

SDMX-EDI

Das EDIFACT GESMES/TS-Format (heute: SDMX-EDI) bildet ein wunderbares Beispiel für ein früh entwickeltes selbsterklärendes Dateiformat. Im Kern ist es ein sogenanntes „flexibles Satzformat", d. h., die Information wird zeilenweise übermittelt. Die Zeilen können jedoch unterschiedliche Längen und Zusammensetzungen haben. Eine Datenstrukturdefinition legt für ein bestimmtes EDIFACT-Format wie zum Beispiel das GESMES/TS-Format fest, welche Zeilentypen es geben kann.

Für jede Zeile bestimmt ein in der Datenstrukturdefinition festgelegtes Präfix (die ersten drei Zeichen) den Inhalt und die Zusammensetzung. Da Übertragungsformate kurz sein sollen, ist möglichst jede Textinformation codiert, d. h. durch einen ebenfalls in der Datenstrukturdefinition festgelegten Kurzschlüssel ersetzt.

Konkret heißt dies für die Datei in Abb. 11.1:

In Zeile 1 werden die Trennzeichen benannt, die die Informationen der nachfolgenden Zeilen strukturieren werden.

Die dann folgenden Zeilen bilden den Nachrichtenkopf, der Angaben über Sender und Inhalt der Datei macht. So zum Beispiel die mit NAD („name and address") beginnenden Zeile 5, die – codiert – das Senderinstitut Bank für Internationalen Zahlungsausgleich (englisch BIS) nennt.

Im Anschluss findet sich der Inhalt des übermittelten Datensatzes, in den mit ARR („array", Wertefeld) beginnenden Zeilen, die stets nach dem Muster Schlüssel – Beobachtungszeitpunkt – Wert – Werteattribute aufgebaut sind. So lautet etwa in Zeile 14 der Schlüssel Q:S:BR:4 M:F:I:A:A:TO1:A:AD, der Beobachtungszeitpunkt 20134 (viertes Quartal des Jahres 2013), der Wert 123 und die Werteattribute: Status B, Vertraulichkeit N und „pre-break value" 121. Die Angabe 608 hinter der Angabe des Beobachtungszeitpunkts legt das Format für die Zeitangabe fest, in diesem Fall eine Quartalsangabe hinter einer vierstelligen Jahreszahl. Auch wenn dieses Format für uns schwer lesbar ist, so ist es doch per Programm sehr leicht zu interpretieren und damit gut maschinenlesbar.

11.2 Der Weg zum weltweiten Standard: Die SDMX-Initiative

Im Jahr 2001 war die Initiative nun endgültig im Internetzeitalter angekommen. Ebenso hatte sich bei Datensatzauszeichnungssprachen der XML-Standard etabliert.

Damit galt es, den GESMES-Grundgedanken des generischen, themenübergreifenden, multidimensionalen Datenmodells beizubehalten, aber von den Datenformaten her auf das mächtigere XML-Format umzusteigen. Dabei gelang es auch, die bisher vorherrschende Orientierung des GESMES/TS auf zeitreihenorientierte Datensätze aufzubrechen und auch andere Datensatzformen (zum Beispiel Querschnittdaten oder zeitunabhängige Formate) anzubieten.

```
1  <?xml version="1.0" encoding="UTF-8"?>
2  <message:StructureSpecificData
3  xmlns:ns="urn:sdmx:org.sdmx.infomodel.datastructure.DataStructure=BIS:BIS_CBS(1.0)ObsLevelDim:TIME_PERIOD"
4  xmlns:structurespec="http://www.sdmx.org/resources/sdmxml/schemas/V2_1/data/structurespecific"
5  xmlns:common="http://www.sdmx.org/resources/sdmxml/schemas/V2_1/common"
6  xmlns:message="http://www.sdmx.org/resources/sdmxml/schemas/V2_1/message"
7  xmlns:xsi="http://www.w3.org/2001/XMLSchema-Instance"
8  xmlns:xml="http://www.w3.org/XML/1998/namespace">
9  <message:Header>
10 <message:ID>IREF120136</message:ID>
11 <message:Test>false</message:Test>
12 <message:Prepared>2014-03-13T17:20:20</message:Prepared>
13 <message:Sender id="BR2"/>
14 <message:Receiver id="5BO"/>
15 <message:Structure structureID="BIS_CBS" namespace="urn:sdmx:org.sdmx.infomodel.datastructure.DataStructure=BIS:BIS_CBS(1.0)
   ObsLevelDim:TIME_PERIOD" dimensionAtObservation="TIME_PERIOD">
16 <common:Structure>
17 <Ref agencyID="BIS" id="BIS_CBS" version="1.0"/>
18 </common:Structure>
19 </message:Structure>
20 <message:DataSetID>BIS_CBS IFS_2012_01</message:DataSetID>
21 </message:Header>
22 <message:DataSet structurespec:dataScope="DataStructure" xsi:type="ns:DataSetType" structurespec:structureRef="BIS_CBS">
23 <Series FREQ="Q" L_MEASURE="S" L_REF_CTY="BR" CBS_BANK_TYPE="4M" CBS_BASIS="F" L_POSITION="I" L_INSTR="A" REM_MATURITY="A" CURR_TYPE_BOOK="T01"
   L_CP_SECTOR="A" L_CP_COUNTRY="AD">
24 <Obs TIME_PERIOD="2013-Q4" OBS_VALUE="123" OBS_STATUS="B" OBS_CONF="N" OBS_PRE_BREAK="121"/>
25 </Series>
26 <Series FREQ="Q" L_MEASURE="S" L_REF_CTY="BR" CBS_BANK_TYPE="4M" CBS_BASIS="F" L_POSITION="I" L_INSTR="A" REM_MATURITY="A" CURR_TYPE_BOOK="T01"
   L_CP_SECTOR="A" L_CP_COUNTRY="AR">
27 <Obs TIME_PERIOD="2013-Q4" OBS_VALUE="111" OBS_STATUS="B" OBS_CONF="N" OBS_PRE_BREAK="110"/>
28 </Series>
29 <Series FREQ="Q" L_MEASURE="S" L_REF_CTY="BR" CBS_BANK_TYPE="4M" CBS_BASIS="F" L_POSITION="I" L_INSTR="A" REM_MATURITY="A" CURR_TYPE_BOOK="T01"
   L_CP_SECTOR="A" L_CP_COUNTRY="AT">
30 <Obs TIME_PERIOD="2013-Q4" OBS_VALUE="234" OBS_STATUS="B" OBS_CONF="N" OBS_PRE_BREAK="229"/>
31 </Series>
32 </message:DataSet>
33 </message:StructureSpecificData>
```

Abb. 11.2 Beispiel einer SMDX-ML-Datei aus den „Technical guidelines for reporting international banking statistics to the BIS" (BIZ 2016)

Unter zeitreihenorientierten Datensätzen versteht man Datensätze, deren Daten periodisch wiederholte Beobachtungen (Zeitreihen) beinhalten. Typische Zeitreihen sind Wetterstatistiken, die bestimmte meteorologische Kenngrößen wie Temperatur oder Niederschlagsmenge für eine Reihe von Messorten sammeln. Die Finanz- und Wirtschaftsstatistiken der Notenbanken werden überwiegend regelmäßig erhoben und sind daher in Zeitreihen abgebildet. Querschnittdaten dagegen sind das Ergebnis einer einmaligen Untersuchung, zum Beispiel eine Wählerbefragung zur Ermittlung der Wahlhochrechnung am Wahltag.

> **SDMXL-ML**
>
> Das auf XML basierende Format, jetzt SDMX-ML genannt, ist ebenfalls selbsterklärend und damit maschinenlesbar, allerdings bei Weitem nicht so kompakt wie das vorherige EDIFACT-Format.
>
> Die in Abb. 11.2 dargestellte Datei enthält die gleiche Information wie die EDIFACT-Datei in Abb. 11.1. Auch hier finden wir einen Nachrichtenkopf und Angaben über Sender und Inhalt der Datei. So etwa in Zeile 17 das Senderinstitut BIS.
>
> Die Zeilen 23 bis 25 nennen den ersten übermittelten Wert, auch hier finden wir den Schlüssel Q:S:BR:4 M:F:I:A:A:TO1:A:AD, den Beobachtungszeitpunkt 2013-04 (viertes Quartal des Jahres 2013), den Wert 123 und die Werteattribute: Status B, Vertraulichkeit N und „pre-break value" 121

Neben den aktuellen technikgetriebenen Herausforderungen, die sich aus der Ursprungsaufgabe herleiteten, den Datenaustausch der beteiligten Institutionen optimal zu unterstützen, gab sich die SDMX-Initiative auch das Ziel, den Standard SDMX an sich auszubauen und seine Nutzung voranzubringen. Abbildung 11.3 zeigt wichtige Stationen auf dem Weg zum weltweiten Datenaustauschstandard der amtlichen Statistik und ist in weiten Teilen der aktuellen Roadmap 2020 der SDMX-Initiative (2016) entnommen.

Ein wesentlicher Faktor für die erfolgreiche Verbreitung von SDMX war die Zertifizierung als internationaler ISO-Standard. Daneben gelang es der Initiative, durch erfolgreiche Pilotprojekte verschiedener Gruppierungen und Themenbereiche die Schlagkraft des Standards zu beweisen. Inhaltlich wurde der Standard mit jeder neuen Version so erweitert, dass weitere für das *Data Sharing* wichtige Funktionalitäten aufgenommen wurden.

Aktuell wird SDMX als Standard für nahezu den gesamten Datenaustausch sowohl im Europäischen System der Zentralbanken als auch im Europäischen Statistischen System, bestehend aus Eurostat und den europäischen Statistikämtern, verwendet. SDMX ist das Trägerformat für den internationalen Statistikstandard *Special Data Dissemination Standard Plus* (*SDDS Plus*) des Internationalen Währungsfonds (IWF) zur weltweiten einheitlichen Bereitstellung von Wirtschafts- und Finanzdaten. Wichtige Neuerungen globaler Rechensystematiken wie etwa das System der Volkswirtschaftlichen Gesamtrechnungen (*National Accounts*), der Zahlungsbilanz (*Balance of Payments*) und der Ausländischen Direktinvestitionen (*Foreign Direct Investment*) werden zum Anlass genommen, diese gemäß den Regeln des SDMX-Standards zu klassifizieren. Damit ist SDMX dem erklärten, von der *UN Statistical Commission* empfohlenen Ziel, „the preferred standard for exchange and sharing of data and metadata in the global statistical community" (SDMX 2016c) zu werden, bereits sehr nahe gekommen.[1]

Abbildung 11.3 zeigt die bisher erreichten Meilensteine der SDMX-Initiative. Die Sponsororganisationen setzen diesen Weg mit der SDMX Roadmap 2020 konsequent fort.

11.3 Die Weiterentwicklung durch die Gremien der SDMX-Initiative

Die Sponsororganisationen haben mit einer stehenden Gremienstruktur die Voraussetzungen für eine kontinuierliche Weiterentwicklung des Standards geschaffen. Diese Entwicklung findet in zwei Richtungen statt, nämlich den beiden Arbeitszweigen *Technical Working Group* (formale Fortentwicklung) und *Statistical Working Group* (semantische

---

[1] „The Commission [...] recognized and supported SDMX as the preferred standard for the exchange and sharing of data and metadata, requested that the sponsors continue their work on this initiative and encouraged further SDMX implementations by national and international statistical organizations ... " (Die Kommission ... erkennt und unterstützt SDMX als bevorzugten Standard für den Austausch und die gemeinsame Nutzung von Daten und Metadaten, fordert die Sponsoren dazu auf, ihre Arbeit an dieser Initiative fortzusetzen und regt weitere SDMX Implementierungen durch nationale und internationale statistische Organisationen an ...)
United Nations Statistical Commission, Report on the thirty-ninth session (26–29 February 2008)

2001	Die sieben Sponsororganisationen BIZ, EZB, Eurostat, IWF, OECD, UN, Weltbank begründen die SDMX-Initiative Erstes gemeinsames Statement der Sponsororganisationen Erster gemeinsamer Workshop
2002	Erster Report an das UNSC (Common Open standards for the Exchange and Sharing of Socio-economic Data and Metadata : the SDMX Initiative) Verabschiedung des ersten Arbeitsprogramms
2003	Start des ersten Projekts: Joint External Debt statistics Hub project (JEDH)
2004	Veröffentlichung des Standards SDMX in der Version 1.0
2005	SDMX in der Version 1.0 wird als ISO-Standard akzeptiert (ISO/TS 17369:2005) Veröffentlichung des Standards SDMX in der Version 2.0
2006	Das erste Projekt (Joint External Debt statistics Hub) geht live
2007	Die Sponsororganisationen unterzeichnen ein Memorandum of Understanding, das die künftige Zusammenarbeit zur Weiterentwicklung von SDMX regelt (March) Erste Veranstaltung der SDMX Global Conference
2008	Die UN Statistical Commission beschließt, SDMX als „the preferred standard for exchange and sharing of data and metadata in the global statistical community" zu unterstützen
2009	Zweite Veranstaltung der SDMX Global Conference Veröffentlichung der ersten Version der „Content Oriented Guidelines"
2011	Veröffentlichung des Standards SDMX in der Version 2.1 Dritte Veranstaltung der SDMX Global Conference Gründung der Arbeitsgruppen SDMX Statistical Working Group (SWG) und Technical Working Group (TWG)
2013	SDMX wird ISO International Standard (IS) 17369 Vierte Veranstaltung der SDMX Global Conference Gründung der Task-force on international data cooperation (TFIDC) der Inter-Agency Group on Economic and Financial Statistics (IAG) Veröffentlichung der SDMX-Datenstrukturen für National Accounts, Balance of Payments und Foreign Direct Investment
2014	Gründung der Ownership Group for SDMX in Macro-Economic Statistics (SDMX-MES OG)
2015	Erweiterung des SDMX-Universums um eine Formelsprache zur Abbildung von (Rechen-) Operationen: Validation and Transformation Language 1.0 Start der SDMX Global Registry Überarbeitung der SDMX Guidelines Livegang des internationalen Pilotprojekts „GDP and Population" Fünfte Veranstaltung der SDMX Global Conference

Abb. 11.3 Meilensteine der SDMX-Entwicklung (Annex Key SDMX Milestones, SDMX Roadmap 2020, S. 8; SDMX-Initiative; 2016c)

11.3 Die Weiterentwicklung durch die Gremien der SDMX-Initiative

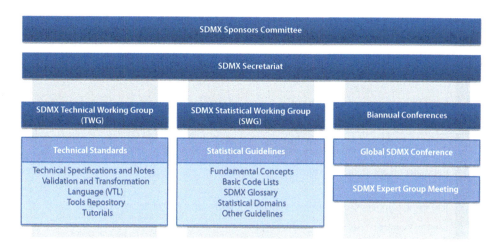

Abb. 11.4 Aktuelle SDMX-Gremienstruktur, gemäß MoU der Sponsororganisationen, vereinfachte Darstellung. (Originalposter „SDMX in a nutshell", SDMX 2016a)

Fortentwicklung). Abb. 11.4 zeigt die aktuelle Gremienstruktur der SDMX-Initiative. Diese Organisation ist wichtig, um den Standard zuverlässig zu verwalten und technisch voranzubringen.

Die *semantische Fortentwicklung* zielt dabei darauf ab, die ordnungsstiftende Wirkung des Standards zu verstärken: Wichtigste Faktoren hierbei sind die *Content-Oriented Guidelines*, die erstmals 2009 veröffentlicht wurden (vgl. Abb. 11.4). Die Statistical Working Group fördert insbesondere die Nutzung gemeinsamer *Codelists* und den Erfahrungsaustausch bezüglich *Best Practices* in der SDMX-Gemeinde.

Die *formale Fortentwicklung* äußert sich als kontinuierlicher technischer Ausbau, manifestiert durch die verschiedenen Versionen des technischen Standards (vgl. Abb. 11.5). Dabei kann es sich um die Hinzunahme weiterer Dateiformate (zum Beispiel CSV) neben EDIFACT und XML handeln, um die Festlegung von Spezifikationen (zum Beispiel *Web Services*, die *JavaScript Object Notation JSON*), Schnittstellen zu Standardsoftware (zum

Jahr	Veröffentlichung
2004	SDMX Technical Standard, Version 1.0
2005	SDMX Technical Standard, Version 2.0
2009	Content-Oriented Guidelines
2011	SDMX Technical Standard, Version 2.1

Abb. 11.5 Offizielle Veröffentlichungen der SDMX-Initiative (SDMX 2016c)

1	Strengthening the implementation of SDMX
2	Making data usage easier via SDMX (especially for policy use)
3	Using SDMX to modernise statistical processes, as well as continuously improving the standards and IT infrastructure
4	Improving communication on SDMX in general and the capacity building, including a better interaction between international partners

Abb. 11.6 „Main priority areas" der SDMX-Roadmap 2020 (SDMX 2016c)

Beispiel die Statistiksoftware *R*), um konzeptionelle Erweiterungen des SDMX Universums (zum Beispiel *Registries,* hierarchische *Codelisten, Validation and Transformation Language VTL*) oder eine Übersetzungsanleitung des SDMX-Ansatzes auf einen benachbarten Standard. Insbesondere die rasante und vielfältige formale Weiterentwicklung von SDMX zeigt klar, dass der Standard sich weit über die ursprüngliche Nutzung als Datenaustauschträgersystem hinaus entwickelt hat.

Aber in der Datenwelt reicht es nicht, einen Standard zu haben, es gilt auch dafür Sorge zu tragen, dass er genutzt, akzeptiert und sogar gewollt wird. Gerade im beschriebenen Prozess der explosionsartig anwachsenden Datenbestände, der Mikrodatenorientierung und des *Data-Sharing-Gedankens* ist eine Erinnerung an den oben genannten UN-Beschluss von 2008 wohl angebracht. Hier sollten die SDMX-Organisationen die Nutzung von SDMX gerade auch für Mikrodaten und für ein institutsübergreifendes *Data Sharing* forcieren.

Die SDMX-Initiative hat darauf Bezug genommen und in ihrer *Roadmap 2020* vier Entwicklungsziele (vgl. Abb. 11.6) aufgenommen, die nicht nur den Standard an sich ausbauen, sondern auch seine Nutzung fördern und seine Bekanntheit stärken sollen. Diese vier Entwicklungsziele richten sich darauf, die technische Grundlage auszubauen und zu stärken, die Datenarbeit mit SDMX weiter zu erleichtern, die tatsächliche Nutzung in allen Schritten des statistischen Geschäftsprozesses von der Datenerhebung bis zur Datenweitergabe zu forcieren und die Kommunikationsarbeit um diesen Standard herum zu verbessern.

11.4 Das Potenzial: Nutzung als Information Model

Das dem SDMX innewohnende *Information Model* bewahrt seine Schlagkraft auch über den Datenaustausch hinaus. Dies zeigt sich daran, dass die Sponsororganisationen bereits verstärkt dazu übergegangen sind, SDMX auch für die Datenveröffentlichung zu benutzen.

Zahlreiche große, im Internet verfügbare *Data Warehouses* basieren ganz oder teilweise auf SDMX. Dafür nur einige Beispiele: Das *Statistical Data Warehouse* der EZB, die Datenplattform OECD.stat, das Datenportal der BIZ und nicht zuletzt die Statistikwebpräsenz der Deutschen Bundesbank. Für SDMX-modellierte Datenbestände lassen sich vergleichsweise einfach Visualisierungen programmieren; dies demonstriert die EZB in der Bereitstellung statistischer Daten per App (ECBstatsApp, erhältlich in gängigen App-Stores).

Daneben nehmen wir eine schnell zunehmende Nutzung dieses Standards in Softwareprodukten mit statistischem, mathematischem und ökonometrischen Schwerpunkt sowie in Datenbanklösungen mit dem Schwerpunkt Statistik (zum Beispiel *FAME*) wahr. Dies mag daran liegen, dass vereinzelt Organisationen dazu übergehen, ihre internen Systeme als SDMX-Datensammlung zu organisieren. Der multidimensionale Ansatz bietet die perfekte Basis für flexible Datenauswertungen, während die für die SDMX-Klassifikation erforderliche Standardisierung die Voraussetzungen für die Harmonisierung der Datenbestände und damit für Verknüpfbarkeit und Integration schafft. All dies zeigt, dass die SDMX-Durchdringung der Statistiklandschaft ein lohnenswertes, lange noch nicht abgeschlossenes Unterfangen ist.

11.5 Die Zukunft: Weitere Nutzungsmöglichkeiten, stärkere Industrialisierung

Der Nutzen fortschreitender SDMX-Durchdringung soll im Folgenden an der Prozesskette der Statistik beschrieben werden.

Der statistische Geschäftsprozess wird in der internationalen Statistikgemeinde oft durch das *Generic Statistical Business Process Model (GSBPM)* (vgl. Abschn. 13.8) dargestellt. Vereinfacht gesagt besteht dieses Modell aus sechs Schritten, die auf ähnliche Weise bei jedem Statistikprovider stattfinden (vgl. Abb. 11.7). Schritt 1 besteht aus der Spezifikation der Anforderungen. Nach der Konzeption einer Statistik (Schritt 2) werden zunächst die Rohdaten erhoben, also gemessen oder erfragt (Schritt 3). Anschließend werden die Daten aufbereitet, worunter im Wesentlichen harmonisierende und qualitätssichernde Maßnahmen zu verstehen sind (Schritt 4). Anschließend werden aus den Einzeldaten Ergebnisse, sogenannte Aggregate – meist Summen oder Mittelwerte –, berechnet (Schritt 5). Die Ergebnisse der Statistik werden im letzten Schritt an die Auftraggeber weitergegeben oder der Öffentlichkeit zur Verfügung gestellt (Schritt 6).

Abb. 11.7 Vereinfachte Darstellung des Generic Statistical Business Process Model (GSBPM)

Die Einzeldaten der Schritte 3 und 4 werden mitunter als Mikrodaten oder granulare Daten, die Aggregate der Schritte 5 und 6 als Makrodaten bezeichnet. Häufig findet sich ein Strukturbruch zwischen den beiden Datenwelten, d. h., die Mikrodaten folgen einer anderen Systematik, einem anderen Modell und Datenformat als die benötigten Makrodaten. In der Folge sind komplexe Umrechnungen vorzunehmen. Ebenfalls unterschiedlich ist die Art des Umgangs mit den Daten. So unterliegen Mikrodaten im Allgemeinen strengen Vertraulichkeitsregelungen, sie stehen nur einem eingeschränkten Nutzerkreis und ausschließlich im Rahmen des im Vorfeld vereinbarten Erhebungszwecks zur Verfügung.

SDMX betrat die Welt der Statistik auf der Ergebnisseite, die stärkste Verbreitung findet sich daher bisher auf der Makroebene, bei den Aggregaten (Schritt 6, teilweise Schritt 5). Nach unseren bisherigen Ausführungen dürfte klar geworden sein, dass das *Information Model* ebenso gut auch auf die Mikroebene (Schritte 3 und 4) angewandt werden kann. Damit ergäbe sich ein großer Vorteil für die Datenverarbeitung: Endlich wären die *Datenmodell*unterschiede, die stets zwischen den Ergebnissen einer statistischen Erhebung und den Datengrundlagen bestehen, nicht auch noch mit *Datenmodellierungs*unterschieden verbunden.

Aber nicht nur für die amtlichen Ersteller einer Statistik ist dieser Ansatz äußerst attraktiv. Auch für die Datenbereitstellenden, im einschlägigen Jargon „Meldepflichtige" genannt, würde sich eine deutliche Verbesserung ergeben, wenn sich SDMX bereits in der Konzeption der Statistik als Basis des *Reportings* (Meldewesens) etablieren würde. SDMX könnte, dank seines generischen Prinzips, ein Universaleinreichungsformat bilden und die Ära beenden, in der jede neue Statistikanforderung auch ihre eigenen Datenmodelle und Einreichungsformate definierte.

Für die Meldepflichtigen wäre es notwendig, dass die SDMX-basierten Meldeanforderungen auch durch SDMX-basierte Softwareprodukte unterstützt würden. SDMX würde damit zwangsläufig eine stärkere „Industrialisierung" erfahren. Mit dieser Entwicklung wiederum wären weitere Nutzungsmöglichkeiten auch außerhalb der amtlichen Statistik verbunden.

Literatur

BIZ (2016) Technical guidelines for reporting international banking statistics to the BIS. http://www.bis.org/statistics/bankstatsguide_tech.pdf. Zugegriffen: 20. Febr. 2017

SDMX. (2016a) SDMX in a nutshell. https://sdmx.org/wp-content/uploads/SDMX_map_3_0.jpg. Zugegriffen: 25. Jan. 2016

SDMX. (2016c) SDMX Roadmap 2020. https://sdmx.org/?sdmx_news=sdmx-roadmap-2020. Zugegriffen: 25. Jan. 2016

12 Die wesentlichen Elemente von SDMX

Im Folgenden wollen wir die zuvor stark vereinfacht dargestellte Gedankenwelt des SDMX näher betrachten. Dieser Abschnitt erhebt nicht den Anspruch, eine vollwertige SDMX-Dokumentation oder -Schulung zu ersetzen. Vielmehr versuchen wir, dem Leser das dem SDMX Standard zugrunde liegende Konstruktionsprinzip zu erläutern. Dabei beziehen wir uns größtenteils auf den 2011 veröffentlichten, 2013 konsolidierten und aktuell gültigen Stand der technischen Spezifikation SMDX 2.1 (SDMX 2013b) Allerdings erlauben wir uns zur Erleichterung des Verständnisses einige Vereinfachungen.

Die theoretische Grundlage von SDMX bildet das *SDMX Information Model*. Zum Verständnis dieses Modells werden zunächst seine Bausteine, die sogenannten SDMX-Produkte (im SDMX-Jargon *Artefacts* genannt), vorgestellt. Bei unserer Vorstellung gehen wir dabei anhand der Anwendungsszenarien vor, und zwar „von innen nach außen". Wir starten also bei den Kernbegriffen, die für den Entwurf einer Datenstruktur notwendig sind, und nehmen dann nach und nach die „umliegenden" Elemente, etwa solche zum Aufbau eines Datenaustauschprozesses oder zur Organisationen ganzer Themenbereiche, hinzu.

Für die Beschreibung der SDMX-Bausteine verwenden wir durchgängig die englischen Begriffsbezeichnungen, um den Bezug zur Spezifikation zu erhalten. Die englische Sprache ist vorherrschend, da SDMX im internationalen Umfeld entstanden ist und weiterentwickelt wird.

12.1 Grundbausteine

Am Anfang von SDMX steht stets ein Satz von (zumeist) quantitativen Daten, die es zu verstehen gilt. SDMX gibt uns die Werkzeuge an die Hand, um die Datenpunkte dieses Satzes zu benennen, zu bestimmen und zu ordnen. Nehmen wir den Datenpunkt 3,16.

Diese Zahl an sich ist für uns nicht interpretierbar. Sinn erhält sie durch die Beschreibung: durchschnittliche Schneehöhe in österreichischen Skigebieten über 2000 m Höhe, Jahreswert für 2015: 3,16 m (ermittelt anhand von Messwerten, die jeweils am letzten Werktag des Monats um 6:00 Uhr früh an definierten Messpunkten genommen wurden).

SDMX stellt uns nun mit seinem *Information Model* ein Framework zur Verfügung, in das es diese Beschreibung zu übersetzen gilt. Der wichtigste Grundbaustein dabei ist das *Concept*. Und weil dieser Baustein so wichtig ist, müssen wir näher darauf eingehen. *Concept* könnte man übersetzen und als „Eigenschaft" oder „Merkmal" eines Datums bezeichnen. Körperliche Merkmale einer Person sind zum Beispiel die Größe, das Gewicht, der Blutdruckwert, der Cholesterinwert, identifizierende Merkmale sind der Name, das Geburtsdatum, der Geburtsort, die Personalausweisnummer. Die Eigenschaften eines Hypothekenkredits sind zum Beispiel der Zinssatz, die Tilgung, die Laufzeit, die eingetragene Hypothek. Ein *Concept* ist damit ein Begriff, der elementar oder zumindest hilfreich zum Verständnis des Datums oder Datensatzes ist. Für jede Eigenschaft, die das Datum genauer beschreibt, gibt es ein *Concept* als – datentechnisch gesprochen – Container oder Oberbegriff. Im oberen Schneehöhenbeispiel gehört zur Eigenschaft „österreichisch" der zugehörige Oberbegriff – das *Concept* – „Land". Aber auch der in Klammern stehende Zusatz („ermittelt anhand ...") beschreibt das Datum genauer. Das dazu passende *Concept* könnte „Messmethode" heißen.

Concepts unterscheiden sich stark hinsichtlich ihrer möglichen Repräsentationen. Das *Concept* „Messmethode" lässt Freitexteintragungen zu und wird deshalb in der SDMX-Sprache als *Uncoded Concept* bezeichnet. Hingegen sind für das *Concept* „Land" nur Werte zugelassen, die in eine Liste konkreter, erlaubter Einträge stehen. Ein solches *Concept* nennt man *Coded Concept*, die Liste zulässiger Einträge *Codelist*. Die *Codes* einer solchen *Codelist* wählt man praktischerweise mit einer kurzen, eindeutigen ID und einer längeren – gerne mehrsprachigen – Beschreibung. Etwa ID = AT, Beschreibung (engl.) = Austria, Beschreibung (deutsch) = Österreich usw. Damit gelangt man auf einfachem Weg zur Liste der ISO-Länderschlüssel. (Die Frage, wie schwierig es ist, sich auf die Einträge einer solchen ISO-Länderschlüsselliste zu einigen, ist eine ganz andere und bedürfte eines eigenen Buches.)

Für die Ausprägungen nichtcodierter *Concepts* gibt es neben der Freitextvariante auch verschiedene weitere Repräsentationsformen, zum Beispiel als Zahlen, Zeitpunktangaben oder als Texte mit vorgegebenem *String Pattern* (eine Formatangabe nach dem Muster „zwei Buchstaben, gefolgt von sechs Ziffern, gefolgt von einem der Sonderzeichen * oder #").

Zur Verwaltung zusammengehöriger *Concepts* werden diese gerne in einem gemeinsamen Paket – einem *ConceptScheme* – festgehalten (Abb. 12.1). Dieses Hilfsmittel *Scheme* zur Verwaltung von Objekten gleichen Typs findet man an vielen Stellen im *SDMX Information Model*.

12.2 Eine Datenstruktur wird definiert

Der Grundbaustein *Concept* wird nun ausgiebig verwendet, um einen vorhandenen Datensatz zu strukturieren oder um mit SDMX zu sprechen, seine Datenstrukturdefinition,

12.2 Eine Datenstruktur wird definiert

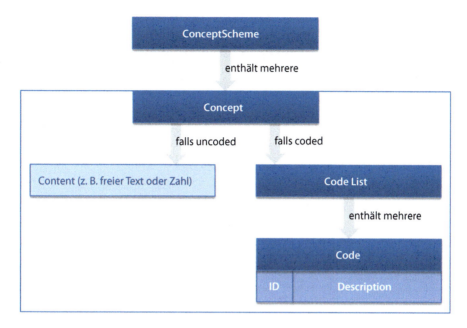

Abb. 12.1 ConceptScheme und Concept

Data Structure Definition (DSD), aufzubauen. Dabei gilt es, verschiedene Rollen zu besetzen:

- *Measure*: Die eigentliche Messgröße, die die Datenpunkte (Observations) selbst enthält.
- *Dimension*: Die klassifizierenden bzw. eindeutig identifizierenden Eigenschaften der Datenpunkte eines Datenbestands.
- *Data Attribute*: Zusätzliche Eigenschaften, die die Datenpunkte näher beschreiben.

Wenn wir das obige Beispiel nach diesem Schema zerlegen, erhalten wir die in Abb. 12.2 dargestellten Eigenschaften.

Die *Dimensions* werden aus *Coded Concepts* gebildet, denn sie spannen das Koordinatensystem des Datensatzes auf, der auf dieser Datenstrukturdefinition beruht. Jeder Datenpunkt (*Observation*) in diesem Koordinatensystem ist eindeutig bezeichnet durch die Angabe der *Codes* für alle – in diesem Fall fünf – Dimensionen. Ist für jede *Dimension* ein gültiger *Code* gegeben, bildet dies einen eindeutigen Identifikator – den *Key* – für diesen Datenpunkt (Abb. 12.3).

SDMX hat seit der Version 1.0 des Standards einige Erweiterungen erfahren; viele davon mit dem Ziel, mehr Flexibilität bei der Modellierung von Datensätzen zu erhalten oder ungewöhnlich geformte Datensätze beschreiben zu können. In der neuesten Version 2.1 kann eine Datenstrukturdefinition (*Data Structure Definition*) mehr als ein *Measure* enthalten. In diesem Fall wird eine *Measure Dimension*, die wiederum eine Liste von Messgrößen enthält, verwendet. Gibt es nur eine einzige Messgröße, spricht man von *Primary Measure*.

Berechnungsart („durchschnittliche")	Dimension
Beobachtungswert ("Schneehöhe ... in Skigebieten")	Measure
Land („Österreich")	Dimension
Höhe („über 2.000 m")	Dimension
Messperiode („Jahreswert")	Dimension
(Mess-) Zeit („2015")	(Time) Dimension
Meter*	Data Attribute
Messmethode („ermittelt anhand... ")	Data Attribute

*Theoretisch ließe sich die Einheit (Meter) auch als Dimension verstehen. Für diese Einordnung spräche die Notwendigkeit der Angabe – ohne die Einheit kann der Zahlenwert nicht korrekt interpretiert werden. Für die Einordnung als Attribut spricht der Umstand, dass durch den alleinigen Wechsel der Einheit (zum Beispiel eine Umrechnung auf Fuß oder Zentimeter) der Beobachtungsgegenstand an sich nicht verändert wird.

Abb. 12.2 Eigenschaften für das Beispiel: durchschnittliche Schneehöhe in österreichischen Skigebieten über 2000 m Höhe, Jahreswert für 2015: 3,16 m (ermittelt anhand von ...)

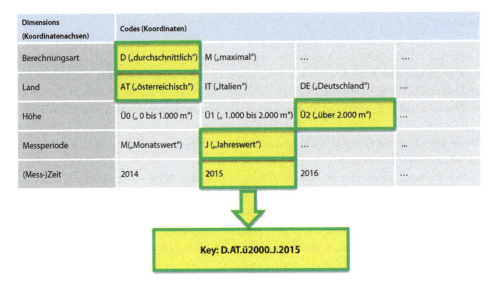

Abb. 12.3 Koordinatenachsen, Koordinaten und Key

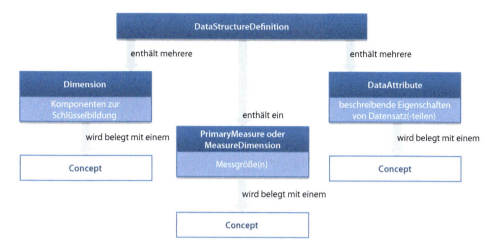

Abb. 12.4 Datenstrukturdefinition

Ein *Data Attribute* kann sich auf verschiedene Ebenen der Datenstrukturdefintion beziehen, etwa den ganzen Datensatz, eine Teilmenge (*Group*) oder gar einen einzelnen Datenpunkt (*Observation*). Die genaue Beziehung wird in einer *Attribute Relationship* festgelegt (Abb. 12.4).

12.3 Die Struktur wird mit Daten gefüllt, es entsteht ein Datensatz

Und wie wird ein Datensatz aufgebaut, der einer Datenstrukturdefinition wie der oben beschriebenen entspricht? Am einfachsten wäre es, unter einem einzigen übergreifenden Bezeichner, dem *DataSet* bzw. dem *DataSet-Identifier* (*DSI*), alle vorhandenen einzelnen Datenpunkte aufzuzählen, und zwar in Form von Wertepaaren: Schlüssel (*KeyValue*) – Messgröße (*ObservationValue*).

Unter dem Schlüssel versteht man dabei die Angabe der jeweiligen *Code-Ausprägung* aller zugehöriger *Dimensions*. Was dies übertragen auf unser Beispiel „Schneesicherheitsstatistik" – unter Auslassung der Attribute – hieße, zeigt Abb. 12.5.

Natürlich hat dieser Ansatz seine Vorteile. Nachteilig ist, dass er für die Darstellung dieser Daten, etwa als XML-Datei, sehr viele Wiederholungen erzwingt. Im obigen Beispiel haben die beiden ersten Datenpunkte nahezu den gleichen Schlüssel, bis auf eine Schlüsseldimension.

In der Praxis wird häufig noch eine Zwischenstufe eingezogen, indem man alle Datenpunkte, die sich nur in einer einzigen *Dimension* unterscheiden, zusammenfasst. In diesem Fall spricht man von einer Reihe – *Series*. Handelt es sich dabei um die *Time Dimension* (sofern vorhanden), spricht man von einer Zeitreihe – *Time Series*. Eine *Series* wird durch die Angabe ihres *Key* beschrieben, dem im Vergleich zur *Observation* natürlich diese eine *Dimension* fehlt. Die *Observations* einer *Series* werden dann mit der *Code-Ausprägung*

DataSet		
Observation		
	KeyValue	D:AT:Ü2000:J:2015 oder ausformuliert
		Berechnungsart = Durchschnitt, Land = Österreich,
		Höhe = über 2.000 m, Messperiode = Jahreswert,
		Messzeit = 2015
	ObservationValue	3,16
Observation		
	KeyValue	D:AT:Ü2000:J:2015 oder ausformuliert
		Berechnungsart = Durchschnitt, Land = Österreich,
		Höhe = über 2.000 m, Messperiode = Jahreswert,
		Messzeit = 2016
	ObservationValue	2,12
Weitere Observations ...		

Abb. 12.5 DataSet: Einzelne Observations für das Beispiel Schneesicherheitsstatistik

der fehlenden *Dimension – (Time) KeyValue* – und dem eigentlichen Wert – *ObservationValue* – angegeben. Was dies übertragen auf unser Beispiel der „Schneesicherheitsstatistik" bedeutet, zeigt Abb. 12.6.

In dieses Modell fügt man nun noch die Möglichkeit ein, an jeder Stelle die zuvor in der *Data Structure Definition* dafür festgelegten *Data Attributes* einzugeben. Dabei gibt es recht häufig die Konstellation, dass ein bestimmtes Attribut für eine ganze Gruppe von *Series* gilt, etwa in unserem Beispiel für alle Datenpunkte zum Land Österreich. Um für solche Attribute einen Verankerungspunkt zu schaffen, führt man das Konzept der *Group* ein. Eine *Group* ist eine Teilmenge des Datensatzes, die durch die feste Ausprägung nur einzelner, nicht aller, Dimensionen – den *GroupKey* – definiert ist. Solche *Groups* können, parallel zu den *Series*, im Datensatz erscheinen und als Container für Attribute verwendet werden. Insgesamt erhält man das in Abb. 12.7 dargestellte Schema.

12.4 Datensätze werden versandt und ausgetauscht

Wenn die im letzten Abschnitt definierten Datensätze auf den Weg vom Sender zum Empfänger gebracht werden, zeigt sich am deutlichsten, dass SDMX als Initiative aus dem

12.4 Datensätze werden versandt und ausgetauscht

DataSet		
Time Series		
	SeriesKey	Berechnungsart = Durchschnitt, Land = Österreich, Höhe = über 2.000 m, Messperiode = Jahreswert (nun ohne Angabe des Jahres)
	Observation	
		TimeKeyValue 2015
		ObservationValue 3,16
	Observation	
		TimeKeyValue 2016
		ObservationValue 2,12
	Weitere Observations …	
Weitere Series …		

Abb. 12.6 DataSet: Observations, zusammengefasst in Time Series für das Beispiel Schneesicherheitsstatistik

Datenaustausch vielseitig verflochtener Institutionen entstanden ist. Denn SDMX kennt zusätzlich zu den Artefakten, die die Datenstruktur beschreiben und die Dateninhalte kapseln, eine Reihe zusätzlicher Begriffe, um einen dezentral verwalteten, regen Datenaustausch zu administrieren. An dieser Stelle nur einige Beispiele:

Ein *DataSet* wird gemäß einer *DataStructureDefinition* aufgebaut. Das Unternehmen, das die Daten zur Verfügung stellt – der *DataProvider* – stimmt (gewöhnlich mit den Empfängern) ein *ProvisionAgreement* ab, in dem festgelegt ist, zu welchen Terminen er welche Daten bereitstellt. Gleichartige Datenübertragungen werden in einer *DataflowDefinition* festgehalten, die zum einen beschreibt, welche Struktur (d. h. *DataStructureDefinition*) die übertragenen Datensätze haben werden, zum anderen aber auch zusätzliche Informationen, so etwa genauere Beschreibung des Inhalts oder Einschränkungen der verwendeten Datenstruktur (*Constraints*) enthalten kann.

Mithilfe dieser Artefakte lassen sich die realen Szenarien des internationalen Datenaustauschs beschreiben. So wäre es möglich, dass zum Beispiel Eurostat eine gemeinsam zu nutzende Datenstruktur (*DataStructureDefinition*) für einen Satz von Konjunkturindikatoren festlegt. Die europäischen nationalen Statistikämter (*DataProvider*) verpflichten sich im Anschluss, die jeweils nationalen Zahlen zu diesen Indikatoren (*DataSets*) zu

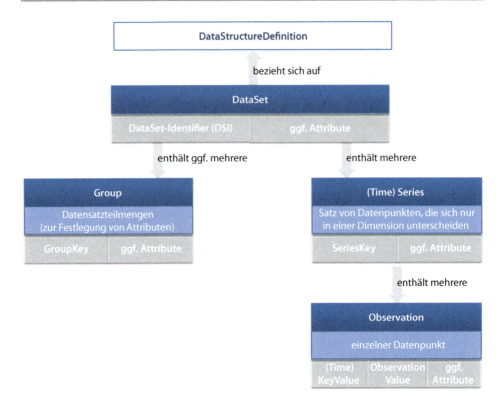

Abb. 12.7 DataSet

übermitteln. Modelliert wäre dies jeweils durch ein *ProvisionAgreement* und eine zugehörige *DataflowDefinition*, mit dem *Constraint*, dass zum Beispiel das Statistische Bundesamt nur die deutschen Zahlen, das französische Äquivalent *INSEE*[1] nur die französischen Zahlen usw. übermittelt (Abb. 12.8).

Gewöhnlich werden bei einer solchen Absprache die Strukturdefinitionen und Vereinbarungen nur einmal am Anfang bzw. bei jeder Anpassung des Verfahrens übertragen. Im Anschluss versendet man nur noch die *DataSets*.

Für den tatsächlichen Versand von Datensätzen stehen eine Reihe möglicher Dateiformate zur Verfügung, deren gebräuchlichstes eine XML-Ausprägung, genannt *SDMX-ML*, ist. Aber auch andere Formate waren und sind in der SDMX-Welt im Gebrauch, so etwa das ältere *EDIFACT-Satzformat* oder auch arbeitsgebietsspezifische *CSV-Dateien*. *SDMX-ML* bringt den Vorteil mit sich, dass die Bordmittel der XML-Validierung über XML-Schemadateien verwendet werden können, um formale „Korrektheit einer Datei bezüglich SDMX" festzustellen.

Diese formale Prüfung auf SDMX-Korrektheit für eine gegebene DataSet-Datei ist in zwei Varianten denkbar: zum einen *generisch*, d. h., die Datei wird daraufhin

---

[1]Institut national de la statistique et des études économiques

12.4 Datensätze werden versandt und ausgetauscht

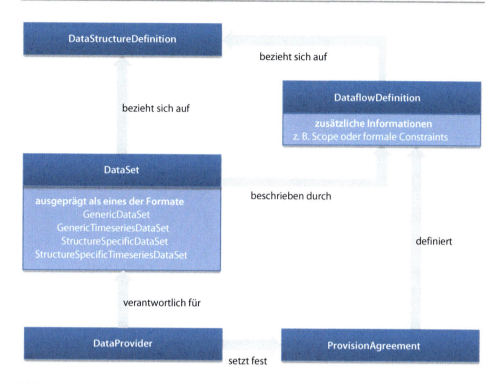

Abb. 12.8 Das DataSet, eingebunden in die Artefakte zur Abbildung eines Datenaustauschs

überprüft, ob die festgelegten SDMX-Artefakte wie Dimension, Key, Observation in korrekter Weise verwendet sind. Hierfür gibt es Schemadateien, die die SDMX-Artefakte und ihre Verwendung validieren; zum anderen *strukturspezifisch*, d. h., das *DataSet* wird daraufhin überprüft, ob sein Aufbau der vorgegebenen *DataStructureDefinition* entspricht. Hierfür sind Schemadateien zu verwenden, die spezifisch für eine *DataStructureDefinition* konzipiert wurden und die konkreten Festlegungen darin – zum Beispiel Anzahl und Name der *Dimensions* – als XML-Schemavorgaben umsetzen. Während die generischen Schemadateien von den Gremien der SDMX-Initiative erstellt und gepflegt werden, müssen strukturspezifische Schemata von der Institution bereitgestellt werden, die eine *DataStructureDefinition* festgelegt hat bzw. diese nutzen möchte.

Da SDMX traditionell intensiv für den Austausch von Zeitreihendatenbeständen verwendet wurde, gibt es sowohl für den generischen als auch für den strukturspezifischen Messagetypus jeweils neben der Hauptvariante auch eine für Zeitreihen optimierte Variante (Abb. 12.9 und 12.10).

In der Abkürzung SDMX steckt auch der Anteil „ ... metadata exchange", deshalb gibt es nicht nur Dateiformate für den Versand der Datensätze, sondern auch weitere Messagetypen, zum Beispiel für den Versand der Datenstrukturdefinition, der vor dem tatsächlichen Datenaustausch stattfinden muss.

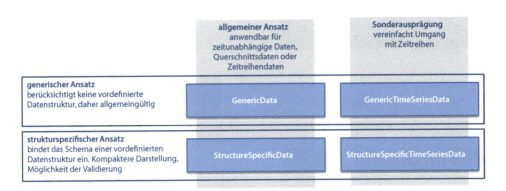

Abb. 12.9 Messagetypen für SDMX-Datensätze

12.5 Die größere Perspektive – Verwaltung von Informationen, Themenbereichen, Akteuren, Prozessen

An dieser Stelle soll unser genauerer Blick auf die SDMX-Spezifikation in der Version 2.1 enden, allerdings nicht ohne den Hinweis darauf, dass wir nur einen kleinen Teil des SDMX-Universums vorgestellt haben. Denn die nun schon seit über zehn Jahren gewachsene Gedankenwelt des SDMX deckt noch wesentlich größere Bereiche ab, die wir an dieser Stelle nur andeuten wollen. Wer sich einen Eindruck vom Begriffsreichtum des *SDMX Information Models* verschaffen möchte, kann dies zum Beispiel auf einer


```
<?xml version="1.0" encoding="UTF-8" standalone="true"?>
- <message:StructureSpecificTimeSeriesData xsi:schemaLocation="http://www.sdmx.org/resources/sdmxml/schemas/v2_1/message ../../../../schemas/SE
urn:sdmx:org.sdmx.infomodel.datastructure.DataStructure=ECB:ECB_EXR_NG(1.0):ObsLevelDim:TIME_PERIOD ecb_exr_ng_ts.xsd" xmlns:xsi="http://
xmlns:common="http://www.sdmx.org/resources/sdmxml/schemas/v2_1/common" xmlns:message="http://www.sdmx.org/resources/sdmxml/scher
xmlns:data="http://www.sdmx.org/resources/sdmxml/schemas/v2_1/data/structurespecific" xmlns:exr="urn:sdmx:org.sdmx.infomodel.datastructure
(1.0):ObsLevelDim:TIME_PERIOD">
  - <message:Header>
      <message:ID>Generic</message:ID>
      <message:Test>false</message:Test>
      <message:Prepared>2010-01-04T16:21:49+01:00</message:Prepared>
      <message:Sender id="ECB"/>
    - <message:Structure namespace="urn:sdmx:org.sdmx.infomodel.datastructure.DataStructure=ECB:ECB_EXR_NG(1.0):ObsLevelDim:TIME_PERIOD'
      - <common:Structure>
          <Ref id="ECB_EXR_NG" version="1.0" agencyID="ECB"/>
        </common:Structure>
      </message:Structure>
    </message:Header>
  - <message:DataSet data:dataScope="DataStructure" xsi:type="exr:DataSetType" data:structureRef="STR1">
    - <Series TITLE="ECB reference exchange rate, Swiss franc/Euro" COLL_METHOD="Average of observations through period" UNIT_MULT="0" UNIT_ME
      CURRENCY_DENOM="EUR" CURRENCY="CHF" FREQ="M">
        <Obs CONF_STATUS_OBS="F" OBS_STATUS="A" OBS_VALUE="1.3413" TIME_PERIOD="2010-08"/>
        <Obs CONF_STATUS_OBS="F" OBS_STATUS="A" OBS_VALUE="1.3089" TIME_PERIOD="2010-09"/>
        <Obs CONF_STATUS_OBS="F" OBS_STATUS="A" OBS_VALUE="1.3452" TIME_PERIOD="2010-10"/>
      </Series>
    - <Series TITLE="ECB reference exchange rate, U.K. Pound sterling /Euro" COLL_METHOD="Average of observations through period" UNIT_MULT="0"
      EXR_TYPE="SP00" CURRENCY_DENOM="EUR" CURRENCY="GBP" FREQ="M">
        <Obs CONF_STATUS_OBS="F" OBS_STATUS="A" OBS_VALUE="0.82363" TIME_PERIOD="2010-08"/>
        <Obs CONF_STATUS_OBS="F" OBS_STATUS="A" OBS_VALUE="0.83987" TIME_PERIOD="2010-09"/>
        <Obs CONF_STATUS_OBS="F" OBS_STATUS="A" OBS_VALUE="0.87637" TIME_PERIOD="2010-10"/>
      </Series>
    - <Series TITLE="ECB reference exchange rate, Japanese yen/Euro" COLL_METHOD="Average of observations through period" UNIT_MULT="0" UNIT_I
      CURRENCY_DENOM="EUR" CURRENCY="JPY" FREQ="M">
        <Obs CONF_STATUS_OBS="F" OBS_STATUS="A" OBS_VALUE="110.04" TIME_PERIOD="2010-08"/>
        <Obs CONF_STATUS_OBS="F" OBS_STATUS="A" OBS_VALUE="110.26" TIME_PERIOD="2010-09"/>
        <Obs CONF_STATUS_OBS="F" OBS_STATUS="A" OBS_VALUE="113.67" TIME_PERIOD="2010-10"/>
      </Series>
    - <Series TITLE="ECB reference exchange rate, U.S. dollar/Euro" COLL_METHOD="Average of observations through period" UNIT_MULT="0" UNIT_MEA
      CURRENCY_DENOM="EUR" CURRENCY="USD" FREQ="M">
        <Obs CONF_STATUS_OBS="F" OBS_STATUS="A" OBS_VALUE="1.2894" TIME_PERIOD="2010-08"/>
        <Obs CONF_STATUS_OBS="F" OBS_STATUS="A" OBS_VALUE="1.3067" TIME_PERIOD="2010-09"/>
        <Obs CONF_STATUS_OBS="F" OBS_STATUS="A" OBS_VALUE="1.3898" TIME_PERIOD="2010-10"/>
      </Series>
    </message:DataSet>
</message:StructureSpecificTimeSeriesData>
```


Abb. 12.10 SDMX-ML-Datei nach einem strukturspezifischen, für Zeitreihen optimierten Schema (SDMX 2013a)

interaktiven Webseite namens Clickable SDMX tun, die die *UN Economic Commission for Europe (UNECE)* zur Verfügung stellt (UNECE 2016).

Datenrecherche erleichtern durch zentrale Informationsportale So bietet das SDMX-Modell etwa die Möglichkeit, die Datenstrukturdefinitionen zusammen mit den Angaben über *Data Providers* und *Data Flows* in einer sogenannten *Registry* zu hinterlegen. Mit einer *Registry* wird eine zentrale Informationsdrehscheibe geschaffen – man spricht auch gerne vom *Information Hub*. Die *Registry* enthält lediglich definierende Informationen und Verweise auf die grundsätzlich dezentral abgelegten Datensätze. Datennutzer können über die *Registry* die gewünschten Informationen aufspüren, gegebenenfalls sogar abonnieren. Von der *Registry* aus können sie die aktuelle Datenstruktur und – über einen Verweis oder *Web Service* der tatsächlichen Datenquelle – auch den zugehörigen Datensatz herunterladen.

Daten noch besser beschreiben durch zusätzliche Metadaten Neben den sogenannten „strukturellen Metadaten" der *DataStructureDefinition* sind gewöhnlich auch noch weitere Informationen zu einem Datensatz wichtig, etwa Hinweise zur Methodologie, Datenqualität, Quelle und Kontaktangaben. Solche Daten werden im SDMX-Jargon „referenzielle Metadaten" genannt, sie liegen gewöhnlich im Freitextformat vor. Auch für diese Metadaten sieht SDMX ein Rahmenwerk vor, das unter anderem aus einer *Metadata Structure Definition* und passenden weiteren Konzepten besteht.

Ein Beispiel dafür liefert die von Eurostat entwickelte, in Abb. 12.11 dargestellte *Euro-SDMX-Metadatenstruktur (ESMS)*.

Themenbereiche bündeln und gliedern SDMX verfügt über Konzepte zur Organisation von Themenbereichen (*Subject-Matter Domains*). So können *Data Flows* in eine sogenannte *Reporting Taxonomy* eingefügt werden, sie erlaubt eine hierarchische Gliederung eines Datenreports.

Akteure des Datenaustauschs und Data Sharings verwalten Da SDMX für den Datenaustausch zwischen Institutionen konzipiert wurde, gibt es auch Artefakte zur Verwaltung dieser Datenaustauschpartner: So gibt es *Organisation Schemes*, die *Data Consumers* und *Data Providers* beinhalten können. Und die Akteure, die die Entwicklung und Verwaltung themenbereichsspezifischer Artefakte wie zum Beispiel Datenstrukturdefinitionen und Codelisten übernommen haben, werden im SDMX-Universum als sogenannte *Agencies* geführt.

Flexibilität bei der Datenmodellierung ausbauen Das SDMX-Vokabular wird permanent ausgebaut, die neuesten Erweiterungen betreffen Formelsprachen für Validierungen und Aggregationen oder auch Werkzeuge zur Prozessmodellierung. Ein typisches Beispiel für den kontinuierlichen Ausbau ist die *Codelist*, die anfänglich gar keine Unterstrukturen kannte. Oft wird aber eine Hierarchisierung, also die Bildung von Gruppen und

Nr	Concept Name	Concept Code	Untergeordnete Concepts
1	Contact	CONTACT	Contact organisation, Contact organisation unit, Contact name, Contact person function, Contact mail address, Contact email address, Contact phone number, Contactfax number
2	Metadata update	META_UPDATE	Metadatalast certified, Metadatalast posted, Metadatalast update
3	Statistical presentation	STAT_PRES	Data description, Classification system, Sector coverage, Statistical concepts and definitions, Statistical unit, Statistical population, Reference area, Time coverage, Base period
4	Unit of measure	UNIT_MEASURE	
5	Reference period	REF_PERIOD	
6	Institutional mandate	INST_MANDATE	Legal acts and other agreements, Data sharing
7	Confidentiality	CONF	Confidentiality–policy, Confidentiality–data treatment
8	Release policy	REL_POLICY	Release calendar, Release calendar
9	Frequency of dissemination	FREQ_DISS	
10	Accessibility and clarity	ACCESSIBILITY_CLARITY	News release, Publications, On-line database, Micro-data access, Other, Documentation on methodology, Quality documentation
11	Quality management	QUALITY_MGMNT	Quality assurance, Quality assessment
12	Relevance	RELEVANCE	User needs, User satisfaction, Completeness
13	Accuracy and reliability	ACCURACY	Overall accuracy, Sampling error, Non-sampling error
14	Timeliness and punctuality	TIMELINESS_PUNCT	Timeliness, Punctuality
15	Coherence and comparability	COHER_COMPAR	Comparability–geographical, Comparability–over time, Coherence–cross domain, Coherence–internal
16	Cost and burden	COST_BURDEN	
17	Data revision	DATA_REV	Data revision–policy, Data revision–practice
18	Statistical processing	STAT_PROCESS	Source data, Frequency of data collection, Data collection, Data validation, Data compilation, Adjustment
19	Comment	COMMENT_DSET	

Abb. 12.11 Euro-SDMX-Metadatenstruktur 2.0, entwickelt von Eurostat (Eurostat 2016)

Untergruppen von Codes, benötigt. Die nächste Erweiterung der *Code List* enthielt eine einfache Hierarchie, die für jeden Code maximal einen *Parent Code* zuließ. Inzwischen gibt es das sehr flexible Instrument der *Hierarchical Codelist*, das deutlich mehr Variationen ermöglicht. Auf ähnliche Weise wurden die Konzepte für Mehrsprachigkeit oder Versionierung nach und nach in den Standard eingefügt.

12.6 Das SDMX-basierte Data Warehouse

Die Konzepte des SDMX-Standards sind inzwischen ganzheitlich genug, um das Vorhaben zu unterstützen, eine SDMX-basierte Datensammlung aufzubauen – das SDMX-basierte Data Warehouse. Zwei aktuelle Ausprägungen finden sich in der Europäischen Zentralbank und der Deutschen Bundesbank.

In beiden Fällen wurden die für Datenstrukturdefinitionen wesentlichen Konzepte von SDMX in ein Datenbankschema übersetzt und damit eine Datensammlung geschaffen, die SDMX-Datensätze speichern und entlang ihrer Dimensionen durchsuchbar machen kann. Die Data Warehouses ermöglichen das flexible Durchsuchen und Filtern von Datenbeständen gemäß der SDMX-Struktur per Onlineportal oder Webservices. Sie enthalten

Oberflächen und Schnittstellen zur Pflege der Datenstrukturdefinitionen und Codelisten und bieten damit die Möglichkeit, die durch SDMX erst möglich gewordene semantische Harmonisierung der Datenbestände voranzutreiben.

Konsequenterweise muss der nächste Schritt die Verknüpfung von SDMX-Datenbeständen entlang ihrer durch die SDMX-Definition natürlich geschaffenen Nahtstellen sein. Bei diesem – rein technisch durchaus möglichen – Prozess ist allerdings zu beachten, was bereits im Abschn. 2.3 beschrieben wurde: Eine rein technische Verknüpfung zweier Datenbestände mag inhaltlich vollkommen unsinnig sein, obgleich man es dem Ergebnis nicht ansieht, denn diese Bewertung kann nur aufgrund des Verständnisses des Inhalts der Datensätze gefällt werden. Solche inhaltlichen Informationen sind zentraler Bestandteil einer integrierten Datensammlung, bei ihnen beginnt aber die Grenzlinie der formal ablegbaren, allein durch Technologie verwertbaren Information, und wir betreten den Bereich der Datenanalyse, in dem es ohne Kenntnisse der Dateninhalte, der Erhebungsmethodik, der Details und Besonderheiten keine Wertschöpfung gibt.

12.7 Anwendbarkeit von SDMX für Mikrodaten

In den verschiedenen intensiv mit Daten arbeitenden Einheiten werden oft voneinander abweichende Datentypen unterschieden: Sind es operative Daten, Prozessdaten, analytische Daten, Forschungsdaten, Makro- oder Mikrodaten, aufsichtliche oder statistische Daten, Stammdaten oder Metadaten etc.?

Letztlich halten wir diese Unterscheidung nicht für sinnvoll. Jeder Datentyp besteht wie bereits beschrieben aus identifizierenden Merkmalen (Schlüsselbestandteilen), zusätzlichen beschreibenden Merkmalen (Attributen) und aus Beobachtungswerten des Phänomens selbst. Unterschiedlich ist die Nutzung, aber dies erzwingt keine unterschiedliche Strukturierung, Beschreibung und Modellierung der Daten. Deshalb ist auch die Frage, ob SDMX auch für Mikrodaten geeignet ist, sehr leicht zu beantworten: Natürlich ist es das!

Bei Mikrodaten, auch granulare Daten genannt, sind die identifizierenden Merkmale eben Identifikatoren für ein einzelnes Wertpapier (*ISIN*), für eine einzelne Person (zum Beispiel Steuernummer) oder für ein einzelnes KFZ (Fahrgestellnummer). Bei Makrodaten identifizieren die Schlüsselbegriffe zum Beispiel eine Branche, einen volkswirtschaftlichen Sektor, eine Personengruppe.

Bei Mikrodaten liegen durch die höhere Granularität meist auch größere Datenmengen vor. Für reine Datenaustauschprozesse werden dann oft „geschwätzige" XML-Datenströme als zu aufwendig angesehen gegenüber sehr kompakten Formaten wie zum Beispiel Comma Separated Values (*CSV*). Um diesem Phänomen zu begegnen, sieht die SDMX Roadmap 2020 die Erstellung von leicht benutzbaren, SDMX-kompatiblen Dateiformaten wie zum Beispiel *CSV* vor. Das Entscheidende bei dieser Verwendung des CSV Formates ist aber, dass die über die Metadaten festgelegte Datenstruktur Verwendung findet. Es handelt sich also um kein freies CSV, sondern um wohldefiniertes CSV passend zu den SDMX-Metadaten.

Großen Datenmengen will man mit geeigneten Tools begegnen, den schon mehrfach genannten *BI-*, *Data-Warehouse-* oder *Big-Data-Tools*. SDMX liefert aber gerade mit seiner Multidimensionalität und seinen codierten Schlüsselkomponenten für BI-Tools die ideale Startbasis für die Konzeption solcher *BI-Würfel* und der zugehörigen Ladeverfahren (*ETL*-Prozesse). Hier kann sehr leicht ein generischer Prozess zur Überführung eines SDMX-Datenbestands in einen BI-Würfel erstellt werden, und da SDMX ein generisches Konzept ist, ist dieser Prozess nicht nur für diesen Datenbestand anwendbar, sondern allgemein!

12.8 SDMX und benachbarte Standards

Bereits in Abschn. 5.1 beschreiben wir die Schwierigkeiten, die jedem potenziellen Standard im Wege stehen: Im Normalfall ist ein vorgeschlagener Standard nicht der einzige Kandidat in seinem Themenbereich. Dies ist in der Statistik nicht anders. Auch hier haben sich verschiedene Konzepte und Modelle mehr oder weniger stark verbreitet. Auf einige davon wollen wir hier kurz eingehen:

Die historisch gewachsene Datenwelt der öffentlichen Statistik ist nicht vollständig SDMX-klassifiziert. Sie kennt weitere, stärker auf die Prozesswelt ausgerichtete Standards oder Modelle.

GSBPM Das Generic Statistical Business Process Model (GSBPM) wurde als Teil des *Common Metadata Framework* (*CMF*) von *der European Statisticians Steering Group on Statistical Metadata* entwickelt (vgl. www.unece.org/stats/cmf). Mit dem GSBPM wurde ein Referenzmodell geschaffen, das sämtliche Geschäftsprozesse zur Erstellung einer amtlichen Statistik abbildet. Die in dem Prozessmodell benutzten Bezeichnungen schaffen Eindeutigkeit für die Kommunikation zwischen verschiedenen Institutionen. Die formalisierte Einteilung der für eine Erhebung notwendigen Arbeitsschritte ist der ideale Ausgangspunkt für Überlegungen hinsichtlich Standardisierung, Prozessautomation, Qualitätskontrolle und Synergieschöpfung (Abb. 12.12).

GSIM Das GSIM (Generic Statistical Information Modell) wurde geschaffen, um die Informationsobjekte und Datenflüsse des GSBPM abzubilden. Als Informationsmodell widmet es sich ebenfalls den Definitionen, Relationen und Attributen der Datenwelten und versucht hierbei, auch eine Brücke zu den benachbarten Standards zu schlagen. „GSIM aligns with relevant standards such as DDI and SDMX" (UNECE 2017).

DDI Mehr aus der sozialwissenschaftlichen Domäne kommt ein recht universeller Datendokumentationsstandard, der stark auf die wissenschaftliche Verwertung von Datensätzen abzielt:

Die Data Documentation Initiative (DDI) zielte als Metadatenstandard ursprünglich darauf ab, Datensätze – insbesondere im Bereich statistischer *Surveys* (Umfragen) –

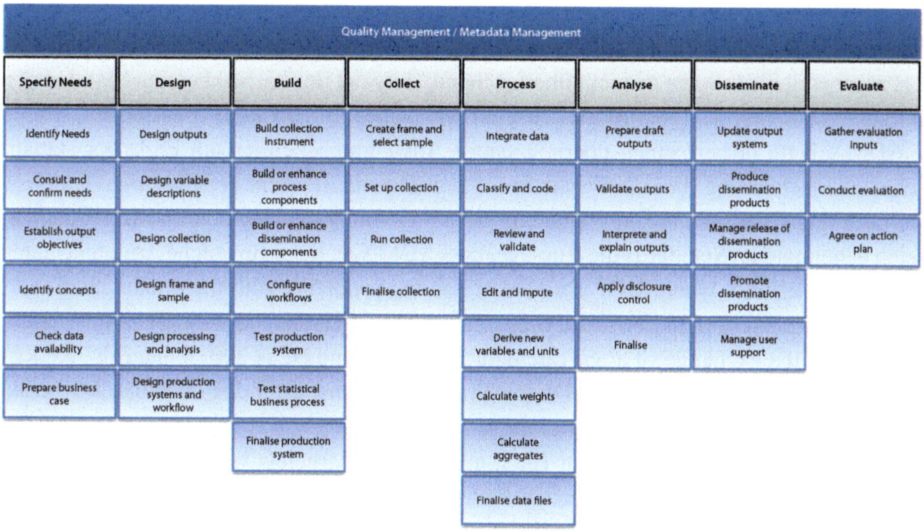

12.8 SDMX und benachbarte Standards

Abb. 12.12 Schematische Darstellung des GSBPM, Version 5.0, veröffentlicht 2013 (UNECE 2013)

umfassend zu dokumentieren. Seitdem hat sich der DDI-Ansatz erweitert, um den gesamten Lebenszyklus eines Datensatzes abbilden zu können. Der Standard wird entwickelt und gepflegt von der internationalen *Data Documentation Initiative Alliance*, ein Konsortium, dessen Mitglieder sich aus Universitäten, Forschungsinstitutionen, Datenarchiven und Statistikorganisationen zusammensetzen. Dieser Standard wird vorwiegend in der sozialwissenschaftlichen Forschung benutzt. Auch hier ist man sich der Nachbarstandards bewusst und strebt eine gute Zusammenarbeit an. Die Verknüpfbarkeit von DDI und SDMX werden von beiden Standards intensiv untersucht und ausgebaut.

XBRL Im Bereich Bilanzreporting hat sich ein von der Industrie stark propagierter Standard durchgesetzt:

XBRL (eXtensible Business Reporting Language) zielt darauf ab, das finanzaufsichtliche Meldewesen zu erleichtern. Der Standard hat also seinen Anwendungsbereich am Beginn des Wertschöpfungsprozesses, bei der Erstellung der Bilanzmeldung eines Unternehmens und deren Weitergabe an eine erhebende Stelle.

Um hier möglichst ganzheitliche Lösungen zu unterstützen, hatte sich die XBRL-Organisation (*XBRL International*, Sitz in den USA) einen sehr ehrgeizigen Ansatz gegeben, der über die rein formale und semantisch Datenbeschreibung hinausgeht und bereits in den Spezifikationen – im XBRL-Jargon Taxonomien genannt – zusätzliche Aufgaben wie Validierung und Präsentationsschicht mit abdeckt. In den meisten uns bekannten Realisierungen werden diese zusätzlichen Features sehr wenig genutzt. Dennoch machen sie das Arbeiten mit den Taxonomien mitunter zu einem ausgesprochen anspruchsvollen, äußerst komplexen Handwerk.

In Abschn. 5.1 beschreiben wir, dass Standards sich meist nicht im luftleeren Raum etablieren und damit ein potenzieller Standard nicht der einzige oder erste Kandidat in seinem Themenbereich ist. So ist es nicht überraschend, dass die im Statistikbereich bestehenden Initiativen bei aller Kooperationsbereitschaft versuchen, ihren Claim abzustecken.

SDMX hatte bisher seinen überwiegenden Anwendungsbereich am Ende der statistischen Wertschöpfung, bei der Publikation, dem Datenaustausch, der *data dissemination* für die Ergebnisse, also die Aggregate. In der Folge findet man bei den im Mikrodatenbereich beheimateten Standards die Aussage, dass SDMX sich nur für solche Aggregatsdaten eignen würde: „ … where DDI is aimed at solving problems with the documentation of research, and across the micro-data lifecycle, SDMX is concerned with creating efficiencies around the exchange of aggregate data" (Gregory und Heus 2007). Oder die XBRL-Gemeinde versucht, sich von SDMX abzugrenzen, indem sie auf den oben beschriebenen ganzheitlichen Ansatz von XBRL verweist.

Wir denken, dass wir in diesem Buch ausreichend dargelegt haben, dass SDMX ein valider potenzialstarker Standard auch für die Mikrodatenwelt ist und dass der SDMX-Ansatz ein ganzheitlicher Werkzeugkasten für die Ordnung der Datenwelt und für die Unterstützung der kompletten Wertschöpfung ist, und nicht nur für einen Prozessbereich.

Literatur

Eurostat (2016) Euro-SDMX Metadatenstruktur ESMS. http://ec.europa.eu/eurostat/de/data/metadata/metadata-structure. Zugegriffen: 20. Febr. 2017

Gregory A, Heus P (2007) DDI and SDMX: Complementary, Not competing standards. Version 1.0, Juli 2007. http://www.opendatafoundation.org/papers/DDI_and_SDMX.pdf. Zugegriffen: 20. Febr. 2017

SDMX (2013a) SDMX 2.1 Technical Specifications – Consolidated version 2013 – Section 3B – SDMX-ML. XML schemas, samples, WADL and WSDL (UPDATE 2013). http://sdmx.org/wp-content/uploads/SDMX_2-1-1_SECTION_3B_SDMX_ML_Schemas_Samples_201308.zip. Zugegriffen: 25. Jan. 2016

SDMX (2013b) SDMX 2.1 Technical Specifications – Consolidated version 2013. Abgerufen am 12 2016 von https://sdmx.org/?page_id=5008. Zugegriffen: 25. Jan. 2016

UNECE (2013) Statistical Metadata (METIS)/METIS-wiki/Generic Statistical Information Model/The Generic Statistical Business Process Model. http://www1.unece.org/stat/platform/display/metis/The+Generic+Statistical+Business+Process+Model. Zugegriffen: 20. Febr. 2017

UNECE (2016) Clickable SDMX/Clickable SDMX Home/SDMX Information Model. http://www1.unece.org/stat/platform/display/ClickSDMX/Clickable+SDMX+Home. Zugegriffen: 20. Febr. 2017

UNECE (2017) The Generic Statistical Information Model (GSIM). http://www1.unece.org/stat/platform/download/attachments/75564118/First%20GSIM%20Brochure%201_1.pdf?api=v2. Zugegriffen: 20. Febr. 2017

Arbeiten mit SDMX 13

Die schönsten Modelle bleiben nur Theorie, wenn es keine Produkte gibt, mit denen die Idee ihre Kraft und ihren Nutzen entfalten kann. Was kann aber ein Interessierter tun, um mit SDMX zu arbeiten oder sich zunächst einmal nur dem Modell zu nähern?

SDMX hat zwar in der Statistikwelt eine respektable Verbreitung gefunden, jedoch sind die Produkte überwiegend in Statistikentitäten in Eigenentwicklung erstellt worden, sie sind von daher proprietär.

Gerade für die Annäherung an die Thematik sind *Open-Source-Komponenten* hilfreich, welche die SDMX-Community kostenfrei zur Verfügung stellt. Die offizielle SDMX-Website etwa listet auf ihrer Seite „Software Tools for SDMX Implementers and Developers" im Oktober 2016 eine ganze Reihe an Softwareprodukten auf, die von den SDMX-nutzenden Institutionen entwickelt wurden (SDMX 2016). Diese Tools besitzen einen stark unterschiedlichen Reifegrad und bieten häufig ein überschneidendes Angebot an Funktionalitäten, dennoch soll hier der Versuch einer Einordnung unternommen werden.

Neue Datenstrukturen erstellen, bestehende Datenstrukturen verwalten

Data Structure Wizard (DSW)	Eurostat	Assistent zur Erstellung der eigenen SDMX-Datenstruktur: hilft bei der Erzeugung, der Bearbeitung und dem Testen von SDMX-Artefakten
XSD Generator	Eurostat	Generiert das zu einer gegebenen SDMX-Datenstrukturdefinition zugehörige XML-Schema
Mapping Assistant	Eurostat	Erstellt ein Mapping zwischen einer konkreten, bereits existierenden Datenquelle (Datenbank) und einer SDMX-Datenstruktur

(Fortsetzung)

Fusion Weaver	Metadata Technology	Tool zur Prüfung und Validierung von SDMX-Datenstrukturdefinitionen und Datensätzen sowie zur Generierung von zugehörigen Schemadateien
SEA SDMX Editor	nextSoft GmbH	Einfache SMDX-konforme Lösung zur Verwaltung und Pflege statistischer Metadaten

SDMX-Datenbestände ablegen und verwalten

Fusion Matrix	Metadata Technology	Softwarelösung zur Entgegennahme und Speicherung von SDMX-Datenbeständen

SDMX-Dateien bearbeiten

SDMX Converter	Eurostat	Übersetzt zwischen verschiedenen SDMX-Formaten oder auch in andere Dateiformate
Fusion Transformer	Metadata Technology	Übersetzt ebenfalls zwischen SDMX-Formaten. Basiert auf dem *Data-Streaming-Konzept*, kann daher beliebig große Dateien bearbeiten
Fusion Transformer Pro	Metadata Technology	Weiterentwicklung des *Fusion Transformers*, erlaubt das Laden, Prüfen, Übersetzen von SDMX-Datenbeständen über eine Weboberfläche
SDMX Transformation Component Applying CSPA	Organisation for Economic Co-operation and Development (OECD)	Weiteres Übersetzungstool für SDMX-Dateien, befolgt die von der UN Economic Commission for Europe (UNECE) entwickelte Rahmenvorgabe CSPA (Common Statistical Production Architecture) an die Softwareentwicklung für Statistikproduktionsprozesse.
SDMX Java Suite	Europäische Zentralbank (EZB)	Java-basiertes Tool zum Lesen und Prüfen von SDMX-Dateien, enthält Zusatzmodule für die anschließende Speicherung in FAME-Datenbanken

Arbeiten mit den Daten in SDMX-Datensätzen

Flex-CB Visualisation Framework	Europäische Zentralbank (EZB)	Werkzeugsammlung zur grafischen oder tabellarischen Darstellung von SDMX-modellierten Daten und Metadaten
rsdmx	Emmanuel Blondel	Klassen- und Methodensammlung zur Arbeit mit SDMX-Datenbeständen in der Statistiksoftware R. Mithilfe von rsdmx können SDMX-Datensätze nach R importiert werden, unter Nutzung von SDMX-Web Services kann auch direkt auf Datenbestände verschiedener Anbieter zugegriffen werden
SDMX Connectors for Statistical Software	Banca d'Italia (Italienische Zentralbank)	Komponenten für die Nutzung von SDMX Web Services zum Datenimport in Statistikstandardsoftware wie zum Beispiel R, MATLAB, SAS

Informationen über SDMX-Datenbestände zentral ablegen

Euro SDMX Registry	Eurostat	Eine konkrete Umsetzung der in Abschn. 12.5 beschriebenen Registry zur zentralen Ablage und Verwaltung von SDMX-Datenmodellen
Fusion Registry	Metadata Technology	SDMX Registry, die alle gängigen Versionen des SDMX-Standards unterstützt. Das Produkt bildet die Basis für die von den SDMX-Sponsororganisationen betriebene SDMX Global Registry[1]

Programmierbibliotheken zur Nutzung für die Eigenentwicklung

OpenSDMX	UN Food and Agriculture Organization (UNFAO)	Komponenten für die Java-basierte Entwicklung von SDMX-Software, insbesondere für die Nutzung von SDMX Web Services
pandaSDMX	Stefan L. Pankoke	Python-basierte Bibliothek zur Arbeit mit SDMX-Datenbeständen
SDMX-Experiments	James Gardner	Werkzeugsammlung zur Arbeit mit SDMX-Dateien und -Services in Java und JavaScript
SDMX.NET	UNESCO Institute for Statistics (UIS)	SDMX Framework für die Programmierung auf der Microsoft.net Plattform
SDMX Reference Infrastructure (SDMX-RI)	Eurostat	Eine Werkzeugsammlung von Services der SDMX-Welt zur Nutzung und Weiterentwicklung innerhalb der eigenen IT- und Datenlandschaft.
SDMX Istat Framework	ISTAT (Italian National Statistical Office)	Paket von SDMX-Produkten zur direkten Nutzung und Weiterentwicklung, geschrieben in C#. Enthält die wichtigsten Bausteine zum Aufbau einer SDMX-basierten Datenverarbeitungsstrecke (Metadata Repository/Registry, SDMX Web Service, Metadata Web GUI, SDMX Builder & Loader, Data Web Browser)
SDMXSource	Metadata Technology (*private company*)	Sammelbegriff für diverse, teilweise bereits aufgeführte, Open Source Bibliotheken für die SDMX-Entwicklung

Literatur

SDMX (2016) Software tools for SDMX implementers and developers. https://sdmx.org/?page_id=4500. Zugegriffen: 25. Jan. 2016

---

[1]Aktuell enthaltene DSDs: Balance of Payments and International Investment Position, Foreign Direct Investments, Government Finance, National Accounts

14 SDMX als Erfolgsfaktor für eine gelungene Datenintegration

Datenintegration war bereits in den 1990er-Jahren des letzten Jahrhunderts eine große Herausforderung, insbesondere für die amtliche Statistik. Damals war sie weniger getrieben von der schieren Datenmenge und von einer explosionsartigen Ausweitung des Volumens. Sie war in der Zeit des Europäischen Einigungsprozesses und in der Vorbereitung der Währungsunion mehr eine Frage der Harmonisierung unterschiedlicher nationaler Datenwelten, also inhaltlich getrieben. Und die Datenintegration zielte stärker auf klassische Datenaustauschprozesse ab. Das heißt, es galt, die unterschiedlichen nationalen Gegebenheiten fachlich zu harmonisieren und die so gewonnenen harmonisierten Datenbestände in einem dateibasierten Datenübertragungsverfahren in einen einheitlichen Datenbestand zu überführen. Dabei entschied man sich früh für einen zeitreihenbasierten Datenaustausch.

Von daher rührt das Missverständnis, das sich in den Zitaten „SDMX ist für Zeitreihen" und „SDMX ist ein Datenaustauschformat" ausdrückt. SDMX ist viel mehr. Es ist ein nichttechnisches Modell, um die Datenwelt zu klassifizieren und damit zu einer einheitlichen Betrachtungsweise und Umgangsform mit Daten zu kommen. Technisch ausprägen kann man es auf sehr unterschiedliche Art und Weise.

Es gelang sehr gut, die unterschiedlichen Datenwelten zu harmonisieren und einfache, schlagkräftige Datenaustauschprozesse zwischen Statistischen Ämtern, Statistikeinheiten in Notenbanken und internationalen Organisationen zu etablieren. Denn das Zusammenspiel der Daten und Metadaten ermöglichte ein äußerst effektives Wachstum der Datenbestände: Soll ein neuer Statistikdatenbestand ausgetauscht werden, so ist zunächst die fachliche Arbeit in Form der Ausarbeitung der harmonisierten Statistik in der SDMX-Sprache zu leisten. Damit liegen die Metadaten vor, und diese können in Form der Datenstrukturdefinitionen (in der SDMX-Sprache DataStructureDefinition) elektronisch zwischen den Partnern ausgetauscht werden. Danach ist klar, wie eine tatsächliche Datenlieferung aussieht, und der Datenaustauschprozess kann angestoßen werden ohne eigene Programmanpassungen von IT-Systemen. Auf diese Weise gelang es, sehr umfangreiche

Datensammlungen zu vielfältigen Themen aufzubauen. Es war eben nicht jeweils ein neues IT-Projekt, sondern die rein fachliche Arbeit und eine anschließende Nutzung der bestehenden Standards erforderlich. So wurden umfassende Datensammlungen aufgebaut, ohne dass es entsprechend große Projekte gab. Beispiele sind dafür im ESZB (SDW Statistical Data Warehouse), bei der OECD, auf den Websites der Banque de France, der Bundesbank, der BIZ und anderen bereits genannten Institutionen zu finden.

In der bereits in Abschn. 9.5 des ersten Buchteils vorgestellten Initiative *Special Data Dissemination Standard Plus* (*SDDS Plus*) des Internationalen Währungsfonds wurde der SDMX-Gedanke zu Ende gedacht. In einem zentralen Repository beim IWF liegen die Metadateninformationen zu einer umfassenden Sammlung wesentlicher, die Finanzstabilität betreffender Indikatoren. Dazu gehört eine Verlinkung auf die nationalen Websites der Notenbanken und Statistischen Ämter und Finanzministerien, auf denen die Daten selbst abgelegt sind. SDMX wird dabei zur Datenklassifikation und als Datenablage- bzw. -austauschformat benutzt (Piché 2013).

Diese Beispiele zeigen, dass SDMX viel mehr ist als ein Datenaustauschformat. Es bietet eine fachliche Grundlage für umfassende Datensammlungen und eine ideale Plattform für Data Sharing und verteile Informationen auf dezentralen Systemen. Beispiele für diese Erfolgsgeschichte sind die statistischen Datenportale der EZB (http://sdw.ecb.int) und der OECD (http://stats.oecd.org), daneben zwei vom IWF betriebene Seiten: die im Rahmen der G-20 Data Gaps Initiative veröffentlichten „Principal Global Indicators" (http://www.principalglobalindicators.org) und die zentrale Einstiegsseite des Special Data Dissemination Standard Plus, das „Dissemination Standards Bulletin Board" (http://dsbb.imf.org).

Die beiden Hauptstärken von SDMX sind die Multidimensionalität und das Zusammenspiel von Daten und Metadaten. Die multidimensionale Struktur ermöglicht das Ordnen und Auswerten anhand entscheidender Kategorien. Durch die beliebige Anzahl von Dimensionen können auch beliebige Phänomene beschrieben werden.

Die Kombination von Daten und Metadaten ermöglicht die gute Automatisierbarkeit für Data-Sharing-Prozesse, den Aufbau selbsterklärender Datenstrukturen und zentraler Datenrepositorys und damit eine Kartografie der Datenwelt.

Lohnt es sich, auf einen besseren Standard zu warten?

Nein, ein anderer Standard für die generische Klassifikation der Datenwelt wird dem SDMX sehr ähnlich sein – möglicherweise aus technischer oder fachlicher Sicht „ein bisschen besser". Aber da Standards ihre Stärke aus ihrer Verbreitung und weniger aus ihrer Genialität ziehen, wäre das unerheblich. Wichtig ist, das Potenzial in einem Kandidaten zu erkennen, ihn daraufhin auszubauen und vor allem anderen seine Verbreitung zu befördern.

Literatur

Piché R (2013) The Benefits of SDMX for SDDS Plus. http://www.oecd.org/std/SDMX%20 2013%20Session%203.11%20-%20The%20benefits%20of%20SDMX%20for%20SDDS%20 Plus.pdf. Zugegriffen: 20. Febr 2017

Glossar

BI Kurzbezeichnung für „Business Intelligence", wird als Sammelbegriff für IT-Verfahren zur systematischen Sammlung, Analyse und Darstellung von Daten verwendet
CIO Kurzbezeichnung für „Chief Information Officer", in der Wirtschaft üblicher Titel für die Leitung des Informations- und Kommunikationsmanagements
Datensilo Die zu einem Fachgebiet gehörende, in sich geschlossene Anwendungslandschaft
Datenwürfel Darstellungsform für Datensätze, als Datenpunkte in einem mehrdimensionalen Koordinatensystem
DWH Kurzbezeichnung für „Data Warehouse", zentrale Datensammlung für die Analyse, in die Daten aus mehreren, meist nicht zusammenpassenden Quellen integriert werden
ETL Kurzbezeichnung für Extract-Transform-Load, globale Bezeichnung für alle Verfahren zum Laden von Daten aus verschiedenen Quellen in eine zentrale Verwertungsstelle, zum Beispiel ein Data Warehouse
FAME Kurzbezeichnung für Forecasting Analysis and Modeling Environment; eine Datenbanklösung für Zeitreihen der Firma SunGard
Hadoop Auf der Programmiersprache Java basiertes Framework der Firma Apache für skalierbare, verteilt arbeitende IT-Produkte.
HTML Kurzbezeichnung für „Hypertext Markup Language", Auszeichnungssprache zur Gestaltung von Webseiten
ISO Internationaler Industrienorm für zertifizierte Standards
JSON Kurzbezeichnung für „Javascript Object Notation", alternatives, sehr kompaktes und einfaches Datenaustauschformat
LaTex Texteditor, im Universitätsumfeld genutzt
Machine Learning Lernprozess eines IT-Systems anhand vorhandener Daten oder Beispiele
Markup Language Auszeichnungssprache, arbeitet mit Sonderzeichen zur Strukturierung einer textbasierten Information
OLAP Kurzbezeichnung für „Online Analytical Processing", hochperformantes IT-Verfahren zur interaktiven Datenanalyse
REST Spezieller Standard, der für Webservices verwendet wird

SDMX Statistical Data and Metadata Exchange, internationaler Statistik-Datenstandard
SGML Kurzbezeichnung für „Standard Generalized Markup Language", Auszeichnungssprache aus den Neunzigern, mit mäßiger industrieller Verbreitung
SOAP Spezieller Standard, der für Webservices verwendet wird
Webservices Konzept der IT-Programmierung für die Weitergabe von Informationen oder Anweisungen zwischen IT-Programmen, selbst wenn diese auf unterschiedlichen Plattformen laufen
XML Kurzbezeichnung für „Extensible Markup Language", Auszeichnungssprache mit unzähligen, in der Industrie sehr weit verbreiteten Derivaten – abgeleiteten Dateiformaten
XML-Schema Beschreibung des Aufbaus einer XML-Datei, kann für eine Prüfung der formalen Korrektheit (Validierung) verwendet werden

Weiterführende Literatur

Eurostat (2016) SDMX-InfoSpace. http://ec.europa.eu/eurostat/web/sdmx-info-space/welcome. Zugegriffen: 20. Febr. 2017

Vale, Steven (2016) Exploring the Relationship Between DDI, SDMX and the Generic Statistical Business Process Model. http://dx.doi.org/10.3886/DDIOtherTopics01. Abgerufen am 20.10.2017

Stichwortverzeichnis

A
Anonymisierung, 30, 44

B
BCC BI-Competence Center(), 48
BI(Business Intelligence), 15
BI-Competence Center, 48
Big Data, 15
BitCoin, 38
Blockchain, 37–38
Business Intelligence, 15

C
Chief Data Officer, 12
cluster, 44

D
Dashboard, 25
Data Cube, 9
Data Dictionary, 25, 45
Data Documentation Initiative (DDI), 92
Data Driven System, 59
Data Expert, 49
Data Hub, 54
Data Inventory, 45
Data Owner, 49
Data Provider, 49
Data Sharing, 53
Data Steward, 49
Data Warehouse(DWH), 15
Data-Lake, 19
Data-Mining, 13
Datenanalyse, 22
   on demand, 7
Datenaustausch, 53
Datenintegration, 23
Datenmodellierung, 25
Datenschutz, 30
Datensilo, 4, 29
Datenwürfel, 9, 59
Dimension, 9
Distributed Ledger Technologie, 38

E
EAN European Article Number(), 47
EDIFACT, 32, 69
European Article Number, 47

F
Fakt, 9
Fernrechnen, 44
Flat File, 42
Forschungsdatenzentrum (FDZ), 42

G
Generic Statistical Business Process Model (GSBPM), 77, 92
Generic Statistical Information Model, 92
Generizität, 52
GESMES, 69
Granularität, 3
GSIM (Generic Statistical Information Modell), 92

H
Hadoop, 16
Hypezyklus, 15

I
ICD(International Classification of Diseases), 47

Identifier, 47
Information Hub, 89
International Security Identification Number, 47
ISIN International Security Identification Number(), 47

J
Joint External Debt Statistics Hub (JEDH), 54

L
Legal Entity Identifier, 47
LEI(Legal Entity Identifier), 47

M
machine learning, 17
Merkmalsträger, 53
Metadaten, 53
Multidimensionalität, 52

N
NACE nomenclature statistique des activités économiques dans la Communauté européenne(), 47
National Summary Data Page (NSDP), 61
nomenclature statistique des activités économiques dans la Communauté européenne, 47

O
OLAP Online Analytical Processing(), 15
Online Analytical Processing, 15
Ontologie, 25
Ordnungssystem, 6
Outputkontrolle, 44

P
Peer Review, 54
Produktivitätsparadoxon, 28

R
Referenzdaten, 53
Registerdaten, 53
Repository, 25

S
Safe Center, 44
Schema on read, schema on write, 20
Schlüssel, 47
Schneeflockenschema, 9
SDDS Plus Initiative, 60
SDMX (Statistical Data and Metadata Exchange), 7
  Agency, 89
  Artefacts, 79
  Attribute Relationship, 83
  Attributes, 56
  Codelist, 56, 80
  Concept, 80
  ConceptScheme, 80
  Constraint, 85
  Data Attribute, 81
  Data Consumer, 89
  Data Provider, 85
  Data Structure Definition, 59, 81
  Dataflow Definition, 85
  DataSet, 83
  DataSet-Identifier DSI(), 83
  Dimension, 56, 81
  Generic Time Series Data, 88
  GenericData, 88
  Group, 83–84
  GroupKey, 84
  Hierarchical Codelist, 90
  Information Model, 79
  Key, 56, 81
  Key Value, 83
  Measure, 81
  Measure Dimension, 81
  Metadata Structure Definition, 89
  Observation, 81
  Observation Value, 83
  Organisation Scheme, 89
  Primary Measure, 81
  Provision Agreement, 85
  Registry, 89
  Reporting Taxonomy, 89
  Roadmap 2020, 73
  Series, 83
  Software Tools, 95
  Sponsororganisation, 55
  Statistical Working Group, 73
  Structure Specific Data, 88
  Structure Specific Time Series Data, 88
  Subject-Matter Domains, 89
  Technical Working Group, 73
  Time Series, 58, 83

SDMX-EDI, 70
SDMX-ML, 72
Smart Contract, 39
Stakeholder, 49
Stammdaten, 53
Standard, 35
Standardisierung, 35
Statistik, 51
Sternschema, 9

T
Text-Mining, 16
Turing-Test, 44

U
Unique Product Identifier, 47
Unique Transaction Identifier, 47
UPI UniqueProductIdentifier(), 47
UTI Unique Transaction Identifier(), 47

W
Wildcard, 59

X
XBRL (eXtensible Business Reporting Language), 93
XML (eXtended Markup Language), 32
XML-Schema, 32

Z
Zeitreihe, 58
Zentralisierung, 24

springer.com

Willkommen zu den Springer Alerts

Jetzt anmelden!

- Unser Neuerscheinungs-Service für Sie:
  aktuell *** kostenlos *** passgenau *** flexibel

Springer veröffentlicht mehr als 5.500 wissenschaftliche Bücher jährlich in gedruckter Form. Mehr als 2.200 englischsprachige Zeitschriften und mehr als 120.000 eBooks und Referenzwerke sind auf unserer Online Plattform SpringerLink verfügbar. Seit seiner Gründung 1842 arbeitet Springer weltweit mit den hervorragendsten und anerkanntesten Wissenschaftlern zusammen, eine Partnerschaft, die auf Offenheit und gegenseitigem Vertrauen beruht.

Die SpringerAlerts sind der beste Weg, um über Neuentwicklungen im eigenen Fachgebiet auf dem Laufenden zu sein. Sie sind der/die Erste, der/die über neu erschienene Bücher informiert ist oder das Inhaltsverzeichnis des neuesten Zeitschriftenheftes erhält. Unser Service ist kostenlos, schnell und vor allem flexibel. Passen Sie die SpringerAlerts genau an Ihre Interessen und Ihren Bedarf an, um nur diejenigen Information zu erhalten, die Sie wirklich benötigen.

Mehr Infos unter: springer.com/alert

Printed by Printforce, the Netherlands